KB269678

쿤이 들려주는 과학 혁명의 구조 이야기

쿤이 들려주는 과학 혁명의 구조 이야기

ⓒ 곽영직, 2010

초판 1쇄 발행일 | 2010년 12월 27일
초판 11쇄 발행일 | 2021년 4월 27일

지은이 | 곽영직
펴낸이 | 정은영
펴낸곳 | (주)자음과모음

출판등록 | 2001년 11월 28일 제2001-000259호
주   소 | 04047 서울시 마포구 양화로6길 49
전   화 | 편집부 (02)324-2347, 경영지원부 (02)325-6047
팩   스 | 편집부 (02)324-2348, 경영지원부 (02)2648-1311
e-mail | jamoteen@jamobook.com

ISBN 978-89-544-2216-1 (44400)

|주|자음과모음

쿤을 꿈꾸는 청소년을 위한
'과학 혁명의 구조' 이야기

과학사란 무엇일까요? 글자 그대로 풀이하면 '과학의 역사'를 뜻합니다. 보통 과학 수업 시간에는 과학의 역사에 대해서 깊이 있게 다루지 않습니다. 가끔 과학자와 관련된 이야기를 들을 수는 있었겠지만 그것은 딱딱한 과학 수업을 부드럽게 하기 위해 끼워 넣는 흥밋거리 정도로 생각했을 것입니다.

따라서 과학을 공부하는 데는 역사가 필요 없다는 생각이 들었을 겁니다. 또 과학에서 다루는 것은 진리라고 확인된 것이므로 그것이 어떤 과정을 거쳐 발전되어 왔는지보다 그 내용이 무엇인지를 아는 것이 훨씬 중요하다고 생각했을 겁니다.

 그러나 과학사를 이해하는 것은 중요한 일입니다. 과학에서 다루는 이론이 어떤 과정을 통해 형성되었는지를 아는 것은 그 이론을 제대로 이해하는 데 도움이 될 뿐만 아니라 앞으로의 발전 방향을 가늠하는 데도 꼭 필요하기 때문입니다.

 위대한 과학사학자로 손꼽히는 토머스 쿤의 《과학 혁명의 구조》는 과학적 지식이 하나씩 쌓여 누적되면서 점진적으로 과학이 발전해 왔다는 종래의 귀납주의적 과학관을 부정하고, 혁명적으로 과학이 발전해 왔다고 주장하고 있습니다. 그러나 이 책은 청소년 여러분이 읽기엔 어려울 수 있습니다.

 그래서 이 책의 내용을 누구나 이해하기 쉽게 풀어써야겠다는 생각으로 청소년을 위한 '과학 혁명의 구조' 이야기를 쓰게 되었습니다. 《쿤이 들려주는 과학 혁명의 구조 이야기》를 다 읽고 나면 여러분이 이미 알고 있었던 과학적 지식들이 새롭게 조명될 것입니다.

 이 책을 통해 쿤이 역설한 과학 혁명에 대해 이해할 수 있기를 바랍니다.

곽 영 직

차례

1

과학과 과학사

과학과 과학사란 각각 무엇일까요?
과학사에서는 어떤 문제를 다룰까요?

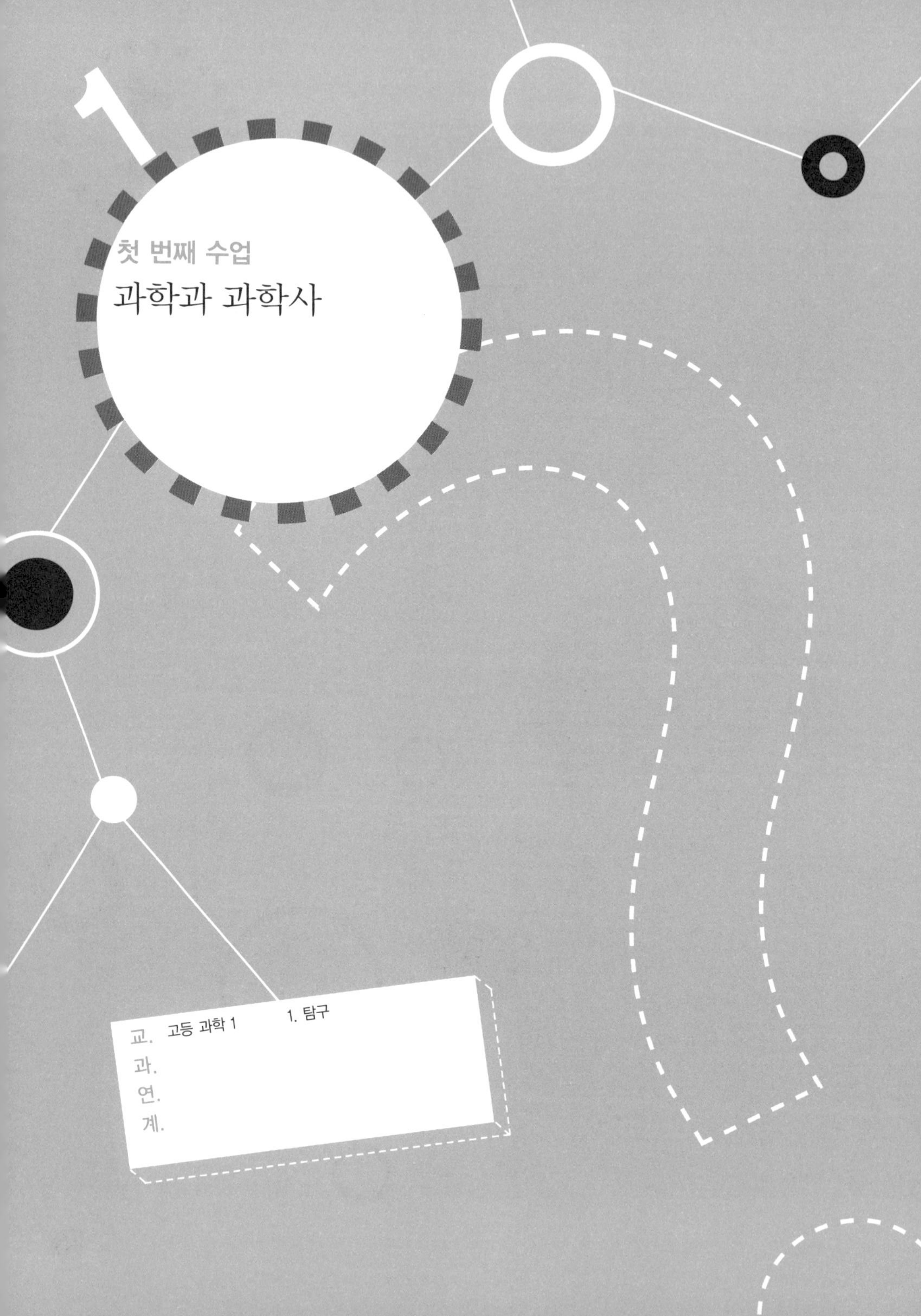
1
첫 번째 수업
과학과 과학사
교. 고등 과학 1
과.
연.
계.
1. 탐구

커다란 안경알이 매력적인 쿤이
첫 번째 수업을 시작했다.

과학이란 무엇일까요?

여러분, 안녕하세요? 나는 미국의 과학사학자이자 과학철학자인 쿤입니다. 과학사를 공부하는 사람들 사이에서는 제법 잘 알려져 있지만 여러분에게는 내 이름이 낯설 거예요. 나는 원래 미국에 있는 하버드 대학과 대학원에서 물리학을 공부했지만, 대학원을 졸업한 후 과학사에 흥미를 가지게 되어 과학사를 연구했습니다.

자연 과학은 자연에서 일어나는 현상을 논리적으로 설명하

는 학문이라는 것쯤은 다 알고 있지요? 어떤 현상이 일어나면 왜 그런 현상이 일어나는지 그리고 앞으로 어떻게 될 것인지를 연구하는 학문이 자연 과학이지요. 자연에서 일어나는 일들은 자연법칙에 의해 일어납니다. 따라서 자연 과학이란 자연 현상의 원인이 되는 자연법칙을 찾아내는 학문이라고도 할 수 있어요.

예를 들어 볼까요? 달의 운동과 모양 변화를 관찰하여 달은 매일 동쪽에서 떠서 서쪽으로 진다는 것, 매일 달이 뜨는 시간이 50분씩 늦어진다는 것, 그리고 달의 모양이 초승달에서 반달로, 그리고 보름달로 바뀌어 간다는 것을 알아내고 왜 그런 현상이 일어나는지를 설명하는 것이 과학에서 하는 일이에요. 다시 말해 달의 운동을 관찰해서 왜 그러한 움직임과 모양 변화가 일어나는지를 설명하는 것이 과학이에요.

즉, 과학에서 중요한 활동은 크게 두 가지예요. 관찰을 통해 사실을 알아내는 것과 알아낸 사실을 논리적으로 설명하는 것이지요. 두 가지 모두 중요하지만 전자보다 후자가 더 중요하다고 할 수 있어요.

그렇다면 논리적으로 설명한다는 것은 무엇일까요? 어떻게 설명하는 것이 논리적이고 과학적인 설명이라고 할 수 있을까요?

과학적 설명이란 틀리지 않고 정확하게 설명하는 것이라고 생각하는 학생들이 많을 거예요. 그러나 자연 현상을 틀리지 않고 정확하게 설명한다는 것이 과연 가능할까요? 절대로 틀리지 않을 것 같던 과학적 설명이 나중에 보니까 틀린 것으로 밝혀진 예는 얼마든지 있어요. 지금부터 그 예를 찾아볼까요?

과학적 방법으로 알아낸 지식은 항상 옳을까요?

힘과 운동의 관계를 설명하는 뉴턴 역학은 어떤 경우에도 절대로 틀리지 않는 정확한 자연법칙이라고 생각했지만, 원자나 전자와 같이 작은 입자들을 다룰 때는 뉴턴 역학이 옳지 않다는 것이 밝혀졌어요. 그렇다면 뉴턴은 과학자가 아니라고 해야 할까요?

지금은 옳은 것처럼 보이는 이론도 언젠가는 틀린 것으로 밝혀질 수 있어요. 따라서 만약 옳은 이론만을 과학이라고 한다면 세상에는 과학이라고 부를 수 있는 것이 아무것도 없을지도 몰라요. 그렇다면 어떤 것이 과학일까요? 여러분 가운데 과학이 무엇인지 발표할 학생이 있나요? 있으면 손을

들고 이야기해 볼까요?

— ……。

아무도 대답하지 못하는 것은 여러분의 잘못이 아니라 누구나 다 알 것 같은 쉬운 문제를 내가 어렵게 만들어 버렸기 때문이에요. 과학사를 연구하는 사람들이 하는 일이 바로 이런 일이에요. 그냥 놓아두면 누구나 다 알 거라고 생각할 간단한 문제를 복잡하게 따져서 어렵게 보이도록 만드는 일이지요.

그런 예를 하나 들어 볼까요? 자연 과학은 자연을 연구하는 학문이라고 했지요? 그렇다면 자연 과학이 무엇인지 알기 위해서는 우선 자연이 무엇인지 알아야겠군요. 아마 자연이 무엇인지 모르는 사람은 아무도 없을 거예요. 하지만 과연 우리는 자연이 무엇인지 제대로 알고 있을까요?

사람은 자연의 일부예요. 사람이 자연의 일부라면 사람이 만든 것들도 자연이라고 해야 하지 않을까요? 사람이 만든 것들도 자연이라고 한다면 자연이 아닌 것은 무엇일까요? 이것 보세요. 자연이 무엇인지 다 알고 있다고 생각했는데 따지고 보니까 어려워졌지요?

이렇게 모든 것을 따져보는 것은 문제를 어렵게 만들기 위해서가 아니라 정확한 의미를 파악하기 위해서예요. 혹시 여

러분 가운데 과학사 강의를 한다고 하니까 재미있는 옛날이
야기를 들을 것으로 기대했던 학생도 있지요?

학생들이 서로 얼굴을 쳐다보며 웃었다.

아마 그런 학생도 있을 거예요. 하지만 수업을 듣다 보면
'뭐, 저런 역사 이야기도 있어?'라는 생각이 들면서 실망할
수 있어요. 과학을 이렇게 저렇게 자꾸 따져보는 이야기를
많이 할 것이기 때문에 어렵게만 느껴질 수도 있어요. 하지
만 정신을 차리고 듣다 보면, 과학이 어떻게 발전되었는지를
이해하면서 그 과정에서 전에는 알지 못했던 새로운 것을 배
우게 되고 마음이 밝아지는 느낌을 받을 거예요.

자, 그럼 다시 과학의 이야기로 돌아가서 과학이 무엇인지
조금 더 따져보기로 하지요. 과학은 옳은 이야기를 하려고
노력하지만 항상 옳은 이야기를 하는 것은 아니라고 했어요.
따라서 과학이냐 아니냐 하는 것은 과학의 대상으로 주장하
는 것이 옳으냐 그르냐보다는 주장하는 과정이 합리적이냐
합리적이지 않느냐를 가지고 판단해야 해요. 합리적이라는
것은 어떤 주장을 하게 되는 이유가 설득력이 있어야 한다는
것이지요.

예를 들어 볼게요. 어떤 사람이 시합에 나가기 전에 머리를
깎으면 승률이 떨어진다고 주장했어요. 이 사람의 주장은 과
학적일까요, 비과학적일까요? 과학적인 주장이라고 생각하
는 학생은 손을 들어 보세요.

아무도 손을 들지 않았다.

그럼 이 사람의 주장이 비과학적인 미신이라고 생각하는
학생은 손을 들어 보세요.

대다수의 학생들이 손을 들었다.

　대부분의 학생들은 이 사람의 주장이 비과학적인 미신이라고 생각하는군요. 하지만 이 이야기만을 가지고는 과학적인 주장인지 아닌지 알 수 없어요. 어떻게 그런 결론을 내리게 되었는가 하는 것이 과학적인지 아닌지를 판단하는 데 더 중요하기 때문이에요.

　만약 이 사람이 아무 근거도 없이 막연한 추측만으로 주장한 것이라면 그것은 그야말로 미신이지요. 하지만 20년 동안 시합을 하면서 통계를 낸 자료를 가지고 결론을 얻었다면 그의 주장은 과학적이라고 할 수 있어요. 물론 머리를 깎는 것이 승률에 어떻게 영향을 미치는가 하는 것은 또 다른 과학적 연구를 통해 밝혀내야 하겠지만요.

　과학에는 물리, 화학, 생물학 등 여러 분야가 있어요. 분야에 따라 다루는 대상이 다르기는 해도 과학적 주장을 이끌어내는 과정은 비슷하지요. 물론 분야마다 과학적 주장을 유도하는 방법이 조금씩 다를 수 있어요.

　어떤 분야에서는 이론적으로 결론을 유도하는 것이 실험을 통해서 결과를 얻는 것보다 합리적인 결론을 도출할 수 있기 때문에 주로 이론적 연구를 해요. 또 어떤 분야에서는 이론

적 연구보다는 실험을 많이 수행해야 하는 경우도 있어요. 때로는 수많은 자료를 조사해서 결론을 내리는 통계적인 방법을 사용하기도 하지요. 이처럼 각각의 방법들은 과학적으로, 다른 사람을 설득할 수 있는 합리적인 주장을 이끌어 낸다는 공통점을 가지고 있어요.

과학사란 무엇일까요?

지금까지 과학이 무엇인지에 대해 여러 가지 이야기를 했는데 그것을 한마디로 요약하면 과학은 자연 현상을 설득력 있게 논리적으로 설명하는 것이라고 할 수 있어요. 그렇다면 과학사는 무엇일까요?

과학사는 언제, 누가 새로운 현상이나 새로운 법칙을 발견했는지를 알아내고 그것을 정리하는 것이라고 생각하는 학생들이 많을 거예요. 그것도 아주 틀린 생각은 아니에요. 과학사에서는 언제, 누가, 무엇을, 어떻게, 발견했는지를 연구해요. 하지만 이것은 여러분이 생각하는 만큼 중요하지 않아요.

언제, 어떤 사건이 일어났는지를 알아내는 것이 역사 연구의 전부라면 남아 있는 기록을 조사하고 유물을 발굴하는 작업만으로 역사에 대한 연구가 끝나게 될 거예요. 하지만 역사를 연구하는 학자들은 언제, 무슨 일이 있었는지 외에도 훨씬 더 많은 것을 알아내려고 해요. 역사학자들은 어떤 사건이 일어나게 된 시대적 배경이 무엇인지, 당시의 사회 구조와 이 사건은 어떤 관계가 있는지, 이 사건이 후세에 끼친 영향은 무엇인지, 또 이 사건은 누구에 의해 어떤 의도로 기록되었고, 남아 있는 기록은 얼마나 믿을 수 있는지 등을 알아내기 위해 연구하는 사람들이에요.

예를 들어 최초의 금속 활자 사용에 대해 연구한다고 가정해 볼까요? 자료를 찾아보면 고려시대인 1234년에 최초로 금속 활자를 이용해 동방고금상정예문이 인쇄되었다는 사실을 금방 알아낼 수 있어요.

만약 최초의 금속 활자 사용에 대한 연구가 언제, 누가 최초로 금속 활자를 사용했는지를 알아내는 것이 역사학자가 할 일의 전부라면 역사학자는 최초의 금속 활자에 대해 더 이상 연구할 것이 없을 거예요. 하지만 역사학자들은 어떻게 고려에서 최초로 금속 활자를 사용하게 되었는지, 금속 활자의 사용이 문화 발전에 어떤 영향을 미쳤는지, 당시의 사회 구조와 종교가 금속 활자 발전에 어떤 영향을 주었는지에 대해서도 연구하지요. 이처럼 역사 연구는 단순한 사실의 확인

이 아니라 과거의 사건이 가지는 역사적 의미를 찾아내는 데 더 많은 시간을 할애하게 되지요.

과학사를 연구하는 학자들도 마찬가지예요. 단지 언제, 누가, 어떤 법칙을 발견했는지를 아는 것에서 만족하지 않고 새로운 자연법칙이 나타나게 된 배경은 무엇인지, 어떤 과정으로 밝혀졌는지, 그리고 새로 밝혀진 자연법칙이 사람들의 생각과 과학 발전에 어떤 영향을 주었는지를 분석하는 것이 과학사를 연구하는 학자들이 하는 일이지요.

코페르니쿠스(Nicolaus Copernicus, 1473~1543)가 모든 천체가 지구를 중심으로 돌고 있다는 천동설을 버리고, 지구가 태양 주위를 돌고 있다는 지동설을 주장한 일은 누구나 잘 알거예요. 코페르니쿠스는 자신이 죽던 해인 1543년에 출간한 《천체의 회전에 관하여》라는 책을 통해서 지동설을 주장했어요. 만약 언제, 누가, 무엇을 발견했는지를 알아내는 것이 과학사를 연구하는 학자들의 할 일이라면 코페르니쿠스의 지동설에 대해서는 더 이상 연구할 것이 없을 거예요.

하지만 과학사를 연구하는 사람들은 코페르니쿠스가 왜 프톨레마이오스(Claudios Ptolemaeos, 85?~165?)의 천동설을 버리고 새로운 천문 체계를 생각하게 되었는지, 새로운 천문 체계는 과학 발전에 어떤 영향을 주었는지, 당시 사람들은 새로운 천문 체계를 어떻게 받아들였는지 등을 알아내기 위해 연구를 계속하지요.

나는 과학사를 연구하는 수많은 학자들 중 한 사람이에요. 내가 한 일은 남들이 몰랐던 새로운 사실을 알아낸 것이 아니라 이미 알려진 사건들을 새롭게 해석한 것이에요. 과학사의 연구에서는 새로운 사실의 발견보다 이미 발견된 사건을 새롭게 해석하는 것이 더 중요하다 보니 나는 유명한 과학사학자 중 한 사람이 될 수 있었어요.

역사 연구에서 새로운 사실의 발견보다 해석이 중요하다는 것을 이해하기 위해 다음과 같은 예를 들어 볼게요. "1392년에 이성계는 고려를 멸망시키고 조선을 건국했다."는 것은 잘 알려진 역사적 사실이에요. 이 사건을 "고려의 신하였던 이성계가 국가를 찬탈한 반역 사건이었다."라고 해석할 수도 있어요. 그러나 "무능한 고려 왕조 아래서 고생하던 백성을 구하기 위해 이성계는 새로운 나라를 세울 수밖에 없었다."라고 해석할 수도 있어요. 물론 각각의 해석에 대한 타당한 근거를 대서 다른 사람들이 그 해석을 받아들일 수 있도록 해야겠지만요. 이처럼 같은 사건이 해석에 따라 얼마든지 다른 사건이 될 수 있어요.

과학의 역사에 있었던 사건은 정치적인 사건만큼 극단적으

로 서로 다르게 해석하지는 않지만 해석에 따라 중요성이나 그 영향력이 달라져요. 지금부터 하려는 과학사 이야기는 주로 과거에 있었던 과학적인 사건을 새롭게 해석하는 것이에요. 따라서 복잡하고 어려운 이야기일 수 있어요. 하지만 이미 알고 있었던 사건들을 새롭게 해석해 보면 전혀 다른 의미를 발견할 수 있어서 흥미진진할 거예요.

과학에서는 자연 현상을 다루지만 과학사에서는 주로 과학을 다루지요. 과학은 자연을 연구하고 과학사는 과학을 연구하기 때문이에요. 자연을 연구하는 것도 중요하지만 과학에 대해 연구하는 것도 중요해요. 오늘날처럼 과학이 우리 생활과 밀접한 관계를 가지게 된 시대에는 과학에 대해서 연구하는 것이 더욱 중요하게 되었어요.

　오늘 첫 시간인데 열심히 수업을 들어줘서 고마워요. 다음 시간부터는 본격적으로 과학사 이야기를 시작해 보도록 해요.

과학사는 너무 지겨워요. 언제, 누가, 어떤 발견했는지 다 외워야 하잖아요.
이런 그렇게 암기만 하니까 그렇죠. 음… 그보다 먼저 철이 군은 과학이 뭐라고 생각하죠?

과학이요? 과학이 과학이죠. 헤헤헤.
과학은 간단히 말해 자연 현상을 설득력 있게 논리적으로 설명하는 것이라고 할 수 있어요. 그렇다면 과학사는 무엇일까요?
과학

과학사는, 음… 언제 누가 새로운 현상이나 법칙을 발견했는지를 알아내고 그것을 정리하는 것이 아닐까요?
그것도 아주 틀린 생각은 아니에요. 하지만 그런 것은 생각처럼 중요하지 않아요.
1609년 케플러 행성 운동의 법칙 발표
1609년 갈릴레이 망원경으로 우주 관측
1859년 다윈 「종의 기원」 출간

단지 언제, 누가, 어떤 법칙을 발견했는지만을 연구하는 하는 것이 아니라 그 시대적 배경은 무엇인지, 어떤 과정으로 밝혀냈고, 그 자연법칙이 사람들의 생각과 과학 발전에 어떤 영향을 주었는지를 분석하는 것이 과학사학자들의 일이죠.
과학사학자들
우리는 단순히 누가 어떤 법칙을 발견했는지만 연구하는 게 아니라고!

예를 들어 지동설을 주장한 코페르니쿠스가 왜 프톨레마이오스의 천동설을 버리고 새로운 천문 체계를 생각해 냈는지, 새로운 천문 체계는 과학 발전에 어떤 영향을 주었는를 알아내기 위해 연구를 계속하는 것이죠.
지구는 돈다!
왜 그렇게 생각하십니까?
과학사학자

역사 연구에서 새로운 사실의 발견보다 해석이 중요한 것처럼 과학의 역사에 있었던 사건도 해석에 따라 중요성이나 그 영향력이 달라지게 돼니까요.
그렇군요, 과학사도 재밌네요.

2

정상 과학과 패러다임

정상 과학이란 무엇일까요?
패러다임과 정상 과학은 어떤 관계가 있을까요?

정상 과학과 패러다임

　여러분 가운데 '정상 과학' 이라는 말을 들어 본 학생이 있나요? 있으면 손을 들어 보세요.

아무도 손을 들지 않았다.

그러면 '패러다임' 이라는 말은 들어 봤나요?
＿ 네, 가끔 신문을 읽다가 본 적이 있어요.
＿ 저도 들어 보긴 했는데, 무슨 뜻인지 잘 모르겠어요.
아, '패러다임' 이라는 말을 들어 본 학생들은 있군요. 하지

만 아직 패러다임이 무엇인지 잘 모르는 학생들이 많은 것 같아요. 그럼 오늘은 정상 과학과 패러다임에 대한 이야기를 해 볼까요? 지금부터 정상 과학과 패러다임을 통해 과학이 발전하는 과정을 설명할 테니 잘 들어 보세요.

과학은 혁명적으로 발전하다

나는 과학사를 새롭게 해석하는 방법을 정리하여 1962년에 《과학 혁명의 구조》라는 책을 펴냈어요. 모든 사람들이 이 책에 실린 내 생각에 동의한 것은 아니었지만 이 책의 내용이 과학사를 해석하는 방법을 바꾸어 놓았어요. 이 책의 내용을 바탕으로 박사 학위 논문을 쓴 사람만도 수백 명이 넘을 정도이니까요.

오랫동안 사람들은 과학이란 과학자들의 연구를 통해 새로운 사실을 밝혀내면서 점차 발전해 가는 것이라고 생각했어요. 과학은 자연 현상을 탐구하고 이해하는 학문이므로 시간이 지날수록 자연에 대한 지식이 쌓여서 자연을 더 잘 이해할 수 있다고 생각한 것이지요.

어쩌면 이렇게 생각하는 것이 당연한 것인지도 몰라요. 자연 현상은 매우 복잡해서 우리가 알아야 할 것은 아주 많으니까요. 어떤 사람이 아무리 열심히 노력한다고 해도 자연에 대해 모든 것을 한꺼번에 알 수는 없어요. 그래서 우리는 선배들이 알아낸 지식을 배우고 그것을 바탕으로 연구하여 새로운 지식을 알아내기 마련이에요. 우리가 연구를 통해 알아낸 지식은 또 후배들에게 전해지겠지요? 따라서 우리 후배는 선배나 우리보다 더 많은 것을 알게 되고 이런 식으로 자연 현상을 점점 더 잘 이해할 수 있을 거라고 생각하는 것은 당연한 일처럼 보여요.

하지만 과학의 발전 과정을 연구하던 나는 이런 생각이 틀렸을지도 모른다는 생각이 들었어요. 어쩌면 과학은 시간이 지남에 따라 지식이 축적되어 조금씩 발전해 가는 것이 아니라 전혀 다른 과정을 거쳐 발전해 간다고 생각했지요.

과학이 발전하는 과정을 간단히 살펴보면, 모든 사람들이 받아들이는 이론이 존재하지 않는 시기가 있어요. 이때에는 다양한 접근 방식으로 자연 현상을 이해하려고 시도하지요. 그러다가 많은 사람들이 받아들이는 유력한 이론이 나타나면 다른 이론들을 몰아내고 중심 이론으로 받아들여져요.

빛에 대한 연구를 예로 들어 설명해 볼까요? 빛이 무엇인가를 처음 연구하기 시작한 과학자들은 빛에 대한 여러 가지 이

론을 내놓았어요. 빛이 눈에 보이지 않는 작은 알갱이의 흐름
이라고 주장하는 사람이 있는가 하면 작은 파동이라고 주장
하는 사람도 있었고, 액체의 흐름이라고 주장하는 사람도 있
었어요. 그러다가 뉴턴(Isaac Newton, 1643~1727)이 '빛은
입자의 흐름'이라는 주장을 내놓았고, 그 주장은 많은 사람들
이 받아들이는 중심 이론이 되었어요. 뉴턴의 주장이 널리 받
아들여진 이유는 '빛은 입자의 흐름'이라는 설명이 빛의 가장
중요한 성질인 직진성을 가장 잘 설명했기 때문이에요.

　이렇게 많은 사람들이 받아들이는 중심 이론이 자리 잡고
있는 과학을 정상 과학이라고 해요. 일단 정상 과학이 성립
되면 사람들은 중심 이론의 범위 안에서 여러 가지 과학 활동

을 하게 되지요. 정상 과학이 성립되었을 때 많은 사람들이 받아들이는 이론이나 실험 방법, 설명 규칙 등을 통틀어 패러다임이라고 해요. '패러다임'이라는 용어는 정상 과학과 과학 혁명을 설명하기 위해 내가 만들어 낸 말이에요.

패러다임이란 무엇일까요?

내가 '패러다임'이라는 용어를 정확하게 정의하지 않고 여러 가지 의미를 뭉뚱그려 나타냈다고 비난하는 사람들도 있었어요. 그 사람들은 내가 《과학 혁명의 구조》에서 21가지나 되는 서로 다른 의미들에 '패러다임'이라는 용어를 사용했다고 비판했어요. 그 사람들의 이야기를 듣기 전까지는 내가 그렇게 많은 경우에 대해 '패러다임'이라는 용어를 사용했는지 몰랐어요.

하지만 '패러다임'이라는 말을 여러 가지 의미로 사용한 것은 그럴 수밖에 없었기 때문이에요. 일단 하나의 정상 과학이 성립하면 거기에는 모든 사람들이 받아들이는 중심 이론이 있고, 실험 방법이 있으며, 관습이 있고, 해석 방법이 있어요. 과학을 연구하는 사람들이 "저것은 과학적이다."라

고 인정할 수 있는 어떤 형식이 존재하는 것이지요. 나는 그런 것을 모두 '패러다임'이라고 부르고 싶었던 거예요. 패러다임은 과학의 발전 과정을 설명하기 위해 내가 만들어 낸 말이었지만, 이제는 과학사와 관계없는 다른 분야에서도 널리 사용되는 단어가 되었어요.

＿그렇다면 '패러다임'은 선생님께서 만들어 낸 유행어인 셈이네요?

그런가요? 그런 말을 들으니 유명한 연예인이라도 된 것처럼 기분이 좋군요. 고마워요.

과학자의 비밀노트

패러다임

패러다임은 모든 사람들이 전형적인 것이라고 받아들이는 일정한 틀이나 체계를 뜻하는 용어이다. 따라서 패러다임이 형성되면 한 시대 사람들의 견해나 사고를 규정하는 테두리로서 작용하게 된다.

다시 말하면, 정상 과학이란 모두가 받아들이는 패러다임을 가지고 있는 과학이에요. 앞에서 예를 든 빛의 연구에서는 빛이 작은 알갱이의 흐름이라는 '입자설'을 패러다임이라고 할 수 있어요. 일단 패러다임이 형성되면 많은 사람들이 패러다임의 범위 안에서 과학 활동을 하게 되지요. 빛에 관한 여러 가지 실험을 수행했을 때 나온 결과는 입자설에 의해 해석한다는 것이에요.

또 다른 예를 들어 볼까요? 코페르니쿠스의 지동설이 등장하기 전까지는 모든 사람들이 천동설을 받아들였어요. 그들은 천동설을 이용하여 태양이 뜨고 지는 것과 달이 뜨고 지는 것을 설명했어요. 천체 운동에 대한 설명이 천동설에 부합하면 과학적이라고 했고 부합하지 않으면 비과학적이라고 했어요. 당시 천동설은 하나의 패러다임이었던 것이지요.

패러다임이 형성되어 있는 정상 과학 단계에서 이루어지는 과학 활동은 패러다임을 더욱 명확하게 하고 패러다임의 한계 내에서 패러다임의 정당성을 높여 줄 새로운 사실들을 발견하는 연구들이에요. 대부분의 과학자들이 하는 연구는 대개 이런 연구들이지요. 빛의 입자설을 패러다임으로 받아들인 과학자들은 빛이 입자라는 증거를 찾아내 입자설을 더욱 확고하게 하는 연구를 했어요. 그리고 이런 연구 활동으로 많은 업적을 낸 사람은 훌륭한 과학자로 사람들의 칭찬을 받았지요. 이전에는 알지 못했던 새로운 사실을 찾아내고 그것을 입자설로 설명하여 입자설을 적용할 수 있는 범위를 넓히는 것도 정상 과학 단계에서 이루어지는 중요한 과학 연구 중

하나예요.

천동설이 패러다임으로 자리 잡고 있던 시기에는 천체의 운동을 관측하고 그것을 설명하기 위해 천동설의 일부 내용을 수정하기도 했어요. 물론 정지해 있는 지구를 중심으로 천체가 돌고 있다는 천동설의 핵심 패러다임은 바꾸지 않았지요. 그러니까 천동설이 패러다임으로 자리 잡고 있는 동안에는 천동설을 더욱 확고하게 하거나 세련되게 만드는 연구만 과학 연구로 인정받는 것이에요.

나는 정상 과학 단계에서 이루어지는 이러한 연구를 '퍼즐 풀이'라고 불렀어요. 혹시 그림 조각 맞추기를 해 보았나요? 그림 조각 맞추기는 재미있는 퍼즐 풀이예요. 그림 조각 맞추기를 하는 사람들은 그림 조각을 다 맞추면 어떤 그림이 될지를 알고 있어요. 그러면서도 이 놀이를 하는 까닭은 그림 조각을 맞추어 가는 과정이 재미있기 때문이에요.

그림 조각을 맞출 때는 어떤 정해진 규칙 내에서 해야 돼요. 그림 조각을 이상하게 이어 붙여 더 멋있는 그림을 만들어 낼 수도 있어요. 그러나 그런 것은 그림 조각 맞추기라고 할 수 없어요. 그림 조각 맞추기를 할 때는 빈자리가 없도록 이어 붙여야 하고 가장자리는 직선이 되도록 가지런히 붙여야 해요.

그림 조각을 맞추는 퍼즐 풀이는 정상 과학 내에서 하는 과학 활동과 비슷한 점이 많아요. 우선 답이 있다는 것을 알고 있는 것이지요. 과학자들은 자신들의 연구가 답을 가지고 있다는 것을 알고 있어요. 물론 그 답은 패러다임에 부합하는 답이겠지요. 그리고 과학 연구에도 퍼즐 풀이에서와 마찬가지로 여러 가지 규칙이 있어요. 이런 규칙도 패러다임의 일부예요. 규칙을 지키지 않으면 올바른 퍼즐 풀이라고 할 수 없듯이 규칙을 지키기 않아 패러다임의 테두리를 벗어나면 과학 연구라고 인정받지 못해요.

1687년 뉴턴은 《자연 철학의 수학적 원리(프린키피아)》라

는 책을 통해 자신의 운동 법칙과 중력 법칙을 발표했어요. 역학의 새로운 패러다임이 만들어진 것이지요. 프랑스의 유명한 한 수학자는 "이제 우리에게 과학자는 더 이상 필요 없다. 과학자는 뉴턴 한 사람으로 족하다. 이제 다른 사람이 해야 할 일은 뉴턴 역학을 이용하여 더 많은 문제를 푸는 일뿐이다."라는 말을 했어요. 이 말은 뉴턴이 만들어 놓은 역학의 패러다임은 완벽해서 더 이상 수정이 필요 없으므로 이제 과학자가 할 일은 뉴턴 역학의 체계 안에서 퍼즐 풀이를 하는 일뿐이라는 뜻이에요. 하지만 뉴턴 역학으로 자연의 모든 현상을 설명할 수 있는 것은 아니에요.

그렇다고 정상 과학의 패러다임 테두리 안에서 이루어지는 과학 활동이 가치가 없다는 것은 아니에요. 뉴턴은 행성들의 운동에 주로 관심을 가졌고, 뉴턴 역학으로 행성 운동을 설명하는 데는 상당한 성공을 거두었지요. 그러자 많은 사람들이 뉴턴 역학을 받아들였어요. 하지만 실제로 우리 주변에서 일어나는 현상을 설명하는 데는 많은 어려움이 있었어요. 그 일을 해낸 사람들은 프랑스의 수학자들이었어요. 그들은 뉴턴의 운동 법칙과 중력 법칙 안에서 여러 가지 문제를 설명해 냈어요. 이들의 노력으로 뉴턴 역학은 더욱 정교해지고 세련되어졌지요. 따라서 이런 일을 한 학자들도 과학의 발전에 큰 공헌을 한 사람들이라고 할 수 있어요.

하지만 이런 학자들은 패러다임 자체를 문제 삼지는 않아요. 패러다임을 옳은 것으로 인정하고 그 안에서 모든 문제를 해결하려고 하지요. 어쩌다 패러다임으로 설명할 수 없는 현상을 맞닥뜨리는 경우에도 패러다임이 잘못되었기 때문이라기보다 자신의 능력이 모자라기 때문이라고 생각해요.

그러나 모든 사람들이 특정 패러다임 안에서만 연구를 한다면 어떻게 과학이 발전할 수 있겠어요? 모든 사람들이 '천동설'이라는 패러다임 안에서만 연구하고 해석했다면 지동설은 영원히 나올 수 없었을 거예요. 따라서 과학이 발전하기 위해서는 패러다임 자체를 부정하는 사람이나 사건이 있어야 해요. 어떻게 그런 일이 가능한지, 새로운 패러다임은 어떤 과정을 통해 나타나는지에 대해서는 다음 시간에 자세하게 설명하겠어요.

오늘 이야기의 주제는 정상 과학과 패러다임이었어요. 오늘 수업을 통해 정상 과학이 무엇인지 또 패러다임이 무엇인지 알았다면 큰 수확을 얻은 것이에요. 이 두 가지는 앞으로 이야기할 과학사에서 자주 등장할 용어들이니까요.

그럼 오늘 수업은 여기서 마치기로 하지요. 다음 시간에 다시 만나요.

선생님의 말씀을 듣고 과학사에 대해 궁금한 점이 많아졌어요. 좀 더 이야기해 주세요.
좋아요. 철이 군은 과학이 어떻게 발전해 간다고 생각하나요?

그야 과거의 지식들이 오랫동안 축적되어 조금씩 발전해 가는 것이겠죠.
많은 사람들이 그렇게 생각하지만 나는 그렇지 않다고 생각했어요. 우선 정상 과학과 패러다임에 대해 알아보죠.

정상 과학이요? 정상적인 과학인가요?
하하. 정상 과학이란 많은 사람들이 받아들이는 중심 이론이 자리 잡고 있는 과학이에요. 일단 정상 과학이 성립되면 이 범위 안에서 과학자들은 여러 가지 과학 활동을 해요.

아~, 그럼 패러다임은요?
정상 과학이 성립되었을 때 많은 사람들이 받아들이는 이론이나 실험 방법, 설명 규칙 등을 통틀어 '패러다임'이라고 해요.
패러다임
이론
설명 규칙
실험 방법
해석 방법
중심 이론
관습

전부 통틀어서요? 광범위하네요.
그렇죠? 하지만 사람들이 과학적이라고 인정할 수 있는 일정한 틀이나 체계를 모두 '패러다임'이라고 할 수 있기 때문에 패러다임의 정의는 광범위할 수 밖에 없어요.

나는 패러다임 안에서만 이루어지는 연구를 통해 과학이 발전하는 것이 아니라 패러다임 자체를 부정하는 사건이나 연구를 통해 과학이 발전해 간다고 생각했어요.
아~ 그렇다면 과학이 반드시 점진적으로 발전하는 것은 아니군요.

3

패러다임의 전환과 과학 혁명

패러다임의 전환은 어떻게 일어날까요?
패러다임의 전환과 과학 혁명은 어떤 관계가 있을까요?

패러다임의 전환과 과학 혁명

교.	고등 과학 1	1. 탐구
과.	고등 지학 Ⅰ	3. 신비한 우주
연.		
계.		

근엄한 표정의 쿤이 교실 문을
열고 들어와 세 번째 수업을 시작했다.

패러다임의 위기

오늘은 세 번째 과학사 수업을 하는 날이로군요. 첫 번째 시간은 과학과 과학사가 무엇인가에 대한 이야기를 했고, 두 번째 시간은 정상 과학과 패러다임에 관한 이야기를 했어요. 오늘은 칠판에 써 놓은 대로 '패러다임의 전환과 과학 혁명'에 대하여 이야기할 생각이에요.

지난 시간에 정상 과학은 패러다임이 확립되어 있는 과학이라고 이야기했어요. 정상 과학 시기에는 모든 사람들이 패

러다임의 범위 안에서 과학 연구를 한다는 이야기도 했고요.

정상 과학 시기에 패러다임에서 벗어난 주장을 하는 사람들은 많은 사람들로부터 비난을 받기 마련이에요. 따라서 패러다임에 잘 맞지 않는 사실을 발견한다고 해도 패러다임을 비판하기보다는 자신의 능력이 모자라거나 앞으로 언젠가는 패러다임의 범위 안에서 해결될 것이라고 생각한다고 했어요.

만약 모든 사람이 이렇게 생각한다면 과학은 패러다임의 한계를 뛰어넘어 발전할 수 없었을 거예요. 그러나 과학의 역사를 보면 천동설이 지동설로 대치되고, 아리스토텔레스 역학이 뉴턴 역학으로 바뀌는 것과 같은 커다란 발전이 종종 있어 왔어요. 정상 과학 시기에 모든 사람들이 기존의 패러다임만을 고수하고 패러다임에 맞는 연구만 한다면 새로운 패러다임이 나타나는 일이 어떻게 가능할까요?

패러다임이 확립되어 있는 정상 과학은 한동안 자연 현상을 설명하는 데 효과적인 것처럼 보여요. 그렇지 않다면 모든 사람이 받아들이는 패러다임이 될 수 없었을 테니까요. 하지만 연구를 거듭하면서 새로운 사실이 밝혀지다 보면 패러다임으로 설명할 수 없거나, 패러다임의 예측과는 상반되는 사실들이 밝혀지게 되지요. 이런 사실들이 발견된다고 해서 곧바로 패러다임이 무너지거나 도전을 받지는 않아요. 처음에는 과학자가 자연을 잘못 이해하고 있거나 문제를 푸는 능력이 모자라서 패러다임에 어긋나는 것처럼 보이는 것이라고 생각하지요. 그런 사람들은 패러다임 안에서 문제를 해결하기 위해 여러 가지 시도를 합니다. 그럼에도 불구하고 패러다임에 어긋나는 사실이 계속 발견되거나, 패러다임의 중대한 오류를 발견하게 되면 패러다임이 신뢰를 상실하게 돼요. 그렇게 되면 패러다임을 의심의 눈초리로 보는 사람들이 늘어나지요. 이런 것을 패러다임의 위기라고 해요.

패러다임의 전환

천동설에서는 행성들의 운동을 설명하기 위해 여러 개의 원을 도입했어요. 예를 들어 화성은 이심원 위의 한 점이 지구를 중심으로 돌고 있고, 화성은 그 점을 중심으로 한 주전원의 원주를 돌고 있다고 생각했어요. 하지만 화성의 운동을 자세히 관찰한 천문학자들은 관측치와 화성의 운동을 일치시키기 위해 더 많은 원을 도입하였어요. 더 많은 원을 도입할수록 천문 체계는 더욱 복잡해져 갔지만 관측치와의 오차가 줄어들지는 않았어요. 하나의 문제를 해결하기 위해 새로

운 원을 도입하면 그것이 다른 문제를 불러오곤 했지요.

　그러자 천동설을 비난하는 사람들이 생겼어요. 그들 중에는 "신이 세상을 창조할 때 내게 상담했더라면 우주를 훨씬 더 아름답게 만들 수 있었을 것이다."라고 말하는 사람도 있었어요. 원을 자꾸 덧붙여 복잡하게 된 천문 체계를 비꼬는 말이었지요. 16세기에 코페르니쿠스와 같이 연구했던 노바라(Domenico de Novara, 1454~1504)는 엉성하고 부정확한 천동설은 자연에 대한 진리가 될 수 없다고 주장했어요.

　이것은 2세기에 프톨레마이오스에 의해 확립된 천동설이라는 패러다임이 위기에 처하기 시작했다는 것을 뜻해요. 지

동설을 제안한 코페르니쿠스는 누더기처럼 기워진 천동설이 이제는 괴물이 되었다고 주장했어요. 코페르니쿠스가 살던 16세기 초, 유럽의 천문학자들 중에는 천동설이 천체 운동을 설명하고 예측하는 데 제 구실을 하지 못한다고 생각하는 사람들이 많아지고 있었어요.

이렇게 기존의 패러다임이 많은 사람들의 도전을 받아 권위와 신뢰를 상실하게 되면 그동안 방치해 두었던 패러다임에 어긋나는 문제들이 세상 밖으로 나오게 되지요. 그렇게 되면 패러다임은 더 이상 과학자들의 연구를 통제할 수 없게 돼요. 과학자들은 이제 패러다임에 구애받지 않고 여러 가지

방법으로 문제를 해결하기 위해 노력하게 됩니다. 그러다가 어떤 과학자가 새로운 패러다임을 들고 나와 문제를 해결하면 옛 패러다임에서 새로운 패러다임으로 바뀌는 패러다임의 전환이 일어나게 되지요.

천동설로는 천체 운동을 설명하는 데 한계를 느낀 과학자들은 새로운 패러다임을 만들어 내기 위해 노력했어요. 그런 사람들 중 한 사람이 코페르니쿠스였어요. 그는 천체가 지구를 도는 것이 아니라 지구와 함께 행성들이 태양 주위를 돌고 있다는 지동설을 들고 나와 천체 운동을 설명했어요. 사람들은 차츰 코페르니쿠스의 지동설을 받아들이게 되었고, 그것은 천동설이라는 패러다임이 지동설이라는 패러다임으로 전환한 사건이었어요.

천문학 혁명

패러다임의 전환은 결코 쉽게 일어나지 않아요. 대부분의 사람들은 기존의 패러다임이 많은 모순을 가지고 있음에도 불구하고 새로운 패러다임 대신 기존의 패러다임을 고수하려고 해요. 그런 사람들은 아무리 설득해도 새로운 패러다임을 받아들이려고 하지 않아요. 새로운 패러다임 역시 문제점을 가지고 있을 때는 더욱 그렇지요.

코페르니쿠스가 제안한 지동설에서는 지구를 비롯한 행성들이 태양 주위를 원운동한다고 했어요. 실제로는 타원 운동을 하고 있지만 천체가 타원 운동을 할 리 없다고 생각한 코페르니쿠스는 천체는 원운동을 해야 한다는 고대의 생각을 고수했지요. 이로 인해 코페르니쿠스의 지동설은 천체의 운동을 설명하는 데 그다지 성공적이지 못했어요. 그래서 처음에는 코페르니쿠스의 지동설에 관심을 보이는 사람들이 거의 없었지요. 사람들은 지구가 태양 둘레를 쌩쌩 달리고 있다는 생각 대신 우주 중심에 정지해 있다는 천동설을 더 좋아했어요.

1543년에 지동설의 내용을 담은 《천체의 회전에 관하여》가 출간된 후 50년 동안 이 책은 겨우 2번 더 인쇄되었을 뿐이었어요. 그동안 천동설의 내용이 담긴 프톨레마이오스의 《알마게스트》는 유럽에서 500번 이상 책을 찍어 냈다고 해요. 이것은 새로운 패러다임에 대한 저항이 얼마나 심했었는지를 잘 보여 주는 예지요.

그러나 새로운 패러다임이 기존의 패러다임보다 더 많은 문제를 해결할 수 있다는 것이 입증되면 새로운 패러다임을

받아들이는 사람들이 늘어나게 돼요. 기존의 패러다임을 받아들이던 학자들 중 일부는 기존의 패러다임을 버리고 새로운 패러다임을 받아들이기도 하고, 일부는 기존의 패러다임을 끝까지 버리지 못한 채 과학계를 떠나버리기도 하지요. 그러나 기존의 패러다임에 깊이 물들지 않은 신세대는 새로운 패러다임을 좀 더 쉽게 받아들여요. 이 새로운 세대가 과학 연구의 주역이 되면 비로소 기존의 패러다임이 새로운 패러다임으로의 전환이 이루어져요.

코페르니쿠스의 지동설은 처음에 많은 사람들의 관심을 끌지 못했지만 케플러(Johannes Kepler, 1571~1630)의 연구를 통해 행성들의 원운동이 타원 운동으로 바뀌어져 좀 더 정확하게 행성 운동을 예측하게 되었고, 갈릴레이(Galileo Galilei, 1564~1642)가 망원경을 이용한 천체 관측을 통해 지동설이 옳다는 증거들을 찾아내자 지동설에 관심을 가지는 사람들이 점점 많아지기 시작했어요. 갈릴레이는 지동설을 홍보한 일로 1616년과 1632년에 종교 재판을 받았어요. 1616년에는 갈릴레이가 재판을 받았다기보다 지동설이 재판을 받았다는 것이 더 정확한 표현일 거예요. 그 결과 코페르니쿠스의 《천체의 회전에 관하여》는 금서 목록에 오르게 되었고, 지동설을 홍보하는 것은 금지되었어요.

과학자의 비밀노트

케플러의 행성 운동 법칙

1. 모든 행성의 궤도는 태양을 하나의 초점에 두는 타원 궤도이다.

2. 태양과 행성을 잇는 직선은 항상 일정한 면적을 훑고 지나간다.

3. 행성의 공전 주기의 제곱은 궤도 장반경의 세제곱에 비례한다.

출판된 후 70여 년 동안이나 문제 삼지 않았던 책이 금서 목록에 오르고, 홍보하지 못하게 하는 조치가 취해진 것은 많은 사람들이 지동설에 관심을 가지기 시작했다는 증거라

고 할 수 있어요. 1632년에 갈릴레이는 교황의 허가를 얻어 《두 우주 체계에 관한 대화》라는 책을 출간했어요. 이 책은 코페르니쿠스의 지동설을 널리 알리기 위한 것이 아니라 지동설과 천동설을 비교하기 위해 쓰인 것이라고 하여 교황의 출판 허가를 받았지만, 책에는 코페르니쿠스의 우주 체계를 홍보하는 내용이 많이 들어 있었어요.

그러자 교회 측에서는 갈릴레이를 불러다 재판을 했어요. 재판관들은 갈릴레이에게 지동설을 버리고 천동설이 옳다는 것을 인정할 것을 요구하며 설득도 하고 위협을 하기도 했어요. 결국 갈릴레이는 지동설을 포기하겠다는 선서를 하고 가택 연금형(현재 살고 있는 집에 가두어 놓고, 외부와의 접촉을 제한하고 감시하는 법적 조치)을 받고 풀려나 집으로 돌아올 수 있었어요. 하지만 교회의 막강한 권력으로도 사람들이 새로운 패러다임인 지동설을 받아들이는 것을 막을 수는 없었어요. 마침내 종교는 더 이상 과학에 간섭하지 않기로 결정했어요. 결국 천동설이라는 고대의 패러다임이 지동설이라는 새로운 패러다임으로 전환된 것이지요.

패러다임이 바뀌기 위해서는 기존의 패러다임을 버리고 새로운 패러다임을 선택해야 하는데, 사람들은 어떻게 새로운 패러다임이 더 좋다고 판단하고 새로운 패러다임을 선택하게 될까요? 기존의 패러다임의 입장에서 보면 새로운 패러다임은 잘못된 생각이고, 새로운 패러다임의 입장에서 보면 기존의 생각은 잘못된 것이지요. 어떤 생각이 더 합리적인지를 알기 위해서는 두 패러다임을 같은 기준으로 비교해 보아야 하는데, 그러한 기준이 존재할 수 있을까요?

이것은 패러다임의 전환이 어떻게 일어나는지를 이해하는 데 매우 중요한 것이에요. 나는 두 패러다임을 비교하여 어느 것이 더 나은지를 결정하는 일은 가능하지 않다고 했어요. 패러다임이 다르면 비교하는 잣대가 다르므로 직접 비교할 방법이 없다고 생각했지요. 이처럼 두 패러다임 중에서 어떻게 하나의 패러다임을 선택하느냐 하는 문제를 명쾌하게 설명하는 것은 쉽지 않지만, 실제 과학의 발전 과정에서는 패러다임의 선택을 통해 새로운 패러다임이 기존의 패러다임을 대신하는 패러다임의 전환이 많이 일어났어요.

이렇게 하나의 패러다임이 새로운 패러다임으로 바뀌는 사건을 나는 과학 혁명이라고 부르기로 했어요. 그러니까 과학은 지식이 조금씩 쌓여서 발전해 가는 것이 아니라 혁명을 거쳐 발전한다는 것이 나의 생각이었지요. 이것은 과학이 점진적으로 발전해 간다고 믿었던 예전의 생각과는 완전히 다른 생각이었어요. 즉, 나는 과학의 발전 과정을 이해하는 새로

운 패러다임을 제시한 것이에요. 결국 과학사 분야에서 혁명을 일으킨 셈이지요.

그런데 왜 하필 '혁명'이라는 말을 사용했냐고 궁금해하는 사람이 많아요. 사실 '혁명'이라는 말은 과학에서 사용하는 용어가 아니라 정치적인 용어예요. 하지만 정치적 혁명과 과학 혁명 사이에는 비슷한 점이 많아요. 정치적 혁명은 기존의 제도로는 여러 가지 사회 문제들을 더 이상 적절하게 해결할 수 없을 때 일어나게 되지요. 이와 마찬가지로 과학 혁명도 기존의 패러다임이 자연 현상을 제대로 설명하지 못할 때

일어나게 됩니다. 정치적 혁명이 일어나면 기존의 정치 제도를 파괴하고 새로운 정치 제도를 만들어 문제를 해결하지요. 과학 혁명에서도 기존의 패러다임을 폐기하고 자연 현상을 새롭게 해석할 수 있는 새로운 패러다임을 확립하게 되지요. 이 정도의 유사성이라면 기존의 패러다임에서 새로운 패러다임으로 바뀌는 패러다임의 전환을 '과학 혁명'이라고 부르는 것이 이상할 게 없겠지요?

패러다임의 전환이 이루어져 과학 혁명이 완성되면 과학은 이제 다시 정상 과학 시기를 맞이하게 되지요. 정상 과학 시기가 되면 과학자들은 다시 패러다임의 범위 안에서 자연을 연구하는 정상적인 과학 활동을 하게 돼요. 언젠가 다시 시작될 과학 혁명을 준비하면서요.

이제 여러분은 과학의 발전 과정에서 과학 혁명이 어떤 역할을 하는지 이해할 수 있을 거예요. "과학은 점진적으로 발전하는 것이 아니라 혁명을 거쳐 발전한다."는 말을 잘 기억해 주었으면 좋겠어요. 이 말은 여러분이 과학을 바라보는 새로운 눈이 되어 줄 거예요.

내일 수업부터는 지금까지 한 이야기가 실제 여러 과학 분야의 발전에서 어떻게 적용되는지에 대해 이야기할 생각이에요. 자, 그럼 오늘 수업은 여기까지 하겠어요.

왜 사람들은 선생님을 과학사의 혁명가라고 하나요? 제가 보기엔 선생님하고 혁명가는 안 어울려요.
그건 내가 과학사에 새로운 패러다임을 제시했기 때문이에요.

새로운 패러다임이요?
우선 패러다임의 전환과 과학 혁명을 얘기해야겠군요. 정상 과학 시기에 모든 사람들이 기존의 패러다임만을 고수하고 패러다임에 맞는 연구만 한다면 어떻게 될까요?

그럼 새로운 패러다임은 생겨나지 않겠죠.
맞아요. 그러나 실제로 과학의 역사에는 천동설이 지동설로 대치되는 것과 같은 커다란 발전이 종종 있어 왔어요.
지동설
천동설

어떤 패러다임에 어긋나는 사실이 계속 발견되거나 패러다임의 중대한 오류를 발견하게 되면 그 패러다임은 신뢰를 상실하게 되는데, 이런 것을 '패러다임의 위기'라고 해요.
패러다임
음 의심스러운데…

위기를 맞은 기존의 패러다임은 더 이상 과학자들의 연구를 통제할 수 없게 되고 이때 새로운 패러다임이 등장해 문제를 해결하면 패러다임의 전환이 일어나지요.
새로운 패러다임
과거의 패러다임
넌 이제 저리 가!

이를 '과학 혁명'이라고 해요. 난 과학은 혁명적으로 발전한다고 주장함으로써 과학사에 새로운 패러다임을 제시했지요.
아, 그래서 선생님을 과학사의 혁명가라고 부르는군요.

4

역학 혁명

고대 역학의 패러다임은 무엇이었을까요?
고대 역학은 왜 무너졌을까요?
뉴턴 역학의 패러다임은 무엇일까요?

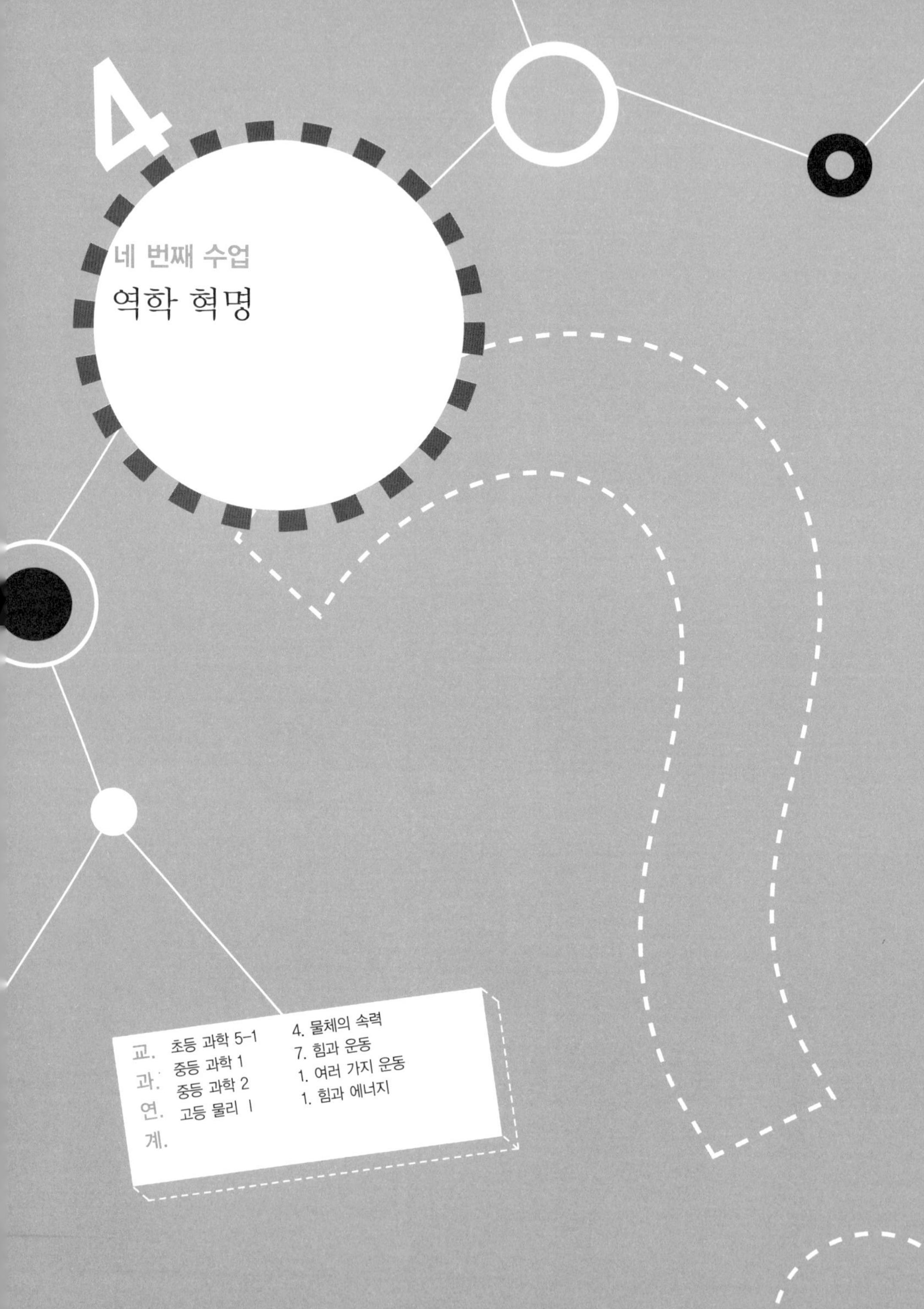

역학 혁명

교.	초등 과학 5-1	4. 물체의 속력
과.	중등 과학 1	7. 힘과 운동
연.	중등 과학 2	1. 여러 가지 운동
계.	고등 물리 Ⅰ	1. 힘과 에너지

쿤이 둘둘 말린 커다란 종이를 가지고 와서 네 번째 수업을 시작했다.

한국 학생들이 열심히 공부한다는 것은 익히 들어서 알고 있었지만 이렇게 열심히 하는지는 몰랐어요. 과학사 이야기는 지루한 이야기인데도 모두 열심히 수업 듣는 것을 보고 깜짝 놀랐어요.

지난 시간에 보니까 여러분 가운데 내가 쓴 《과학 혁명의 구조》를 사서 읽고 있는 학생들도 있더군요. 지금은 읽지 말고 내 수업을 다 들은 후에 한번 읽어 보도록 해요. 그래도 잘 이해가 되지 않으면 대학에 들어간 다음에 읽어 보면 과학의 역사를 이해하는 데 큰 도움이 될 거예요.

그럼 오늘 수업을 시작할까요? 오늘은 뉴턴 역학이 성립하는 과정을 정상 과학, 패러다임, 그리고 과학 혁명이라는 관점에서 분석해 보려고 해요. 그렇게 하면 뉴턴 역학이 역사의 흐름 속에서 어떤 위치를 차지하는지도 새롭게 이해할 수 있을 뿐만 아니라 뉴턴 역학 자체를 이해하는 데도 큰 도움이 될 거예요.

고대 역학의 패러다임

여러분은 초등학생 때부터 힘과 운동에 대해서 많은 것을 배웠을 거예요. 하지만 학교에서 배운 내용은 모두 뉴턴 역학의 내용이어서 뉴턴 역학 이전에는 어떤 역학이 있었는지, 그리고 어떤 과정을 거쳐서 뉴턴 역학이 성립하였는지에 대해서는 잘 모르고 있을 거예요.

뉴턴 역학 이전에 성립한 역학을 고대 역학이라고 해요. 고대 역학은 기원전 300년경에 고대 그리스의 아리스토텔레스(Aristoteles, B.C.384~B.C.322)가 그 기초를 다졌기 때문에 '아리스토텔레스 역학'이라고도 하지요.

고대 역학에서는 지상의 물체와 천체들이 서로 다른 원리

로 운동한다고 설명했어요. 천체들은 원운동하는 성질을 가지고 있어서 외부에서 힘을 가해 주지 않아도 원운동을 계속할 수 있다고 했지요. 하늘의 천체들은 완전해서 어떤 변화도 일어나지 않으며 완전한 운동인 원운동만 한다고 생각했어요. 반면에 지상에 있는 물체들은 힘을 가하는 동안에는 운동을 하고 힘을 가하지 않으면 운동을 멈춘다고 생각했어요. 그러니까 물체가 계속 움직이기 위해서는 힘이 계속 가해져야 한다고 생각한 것이지요.

또한 힘은 접촉을 통해서만 가해질 수 있다고 설명하기도 했지요. 그리고 물체들은 우주의 중심으로 다가가려는 성질이 있는데, 지구가 우주의 중심에 고정되어 있기 때문에 모든 물체가 땅으로 떨어진다고 했어요. 고대 과학자들의 이런 생각은 거의 2천 년 동안 사람들에게 널리 받아들여진 역학의 패러다임이었어요.

과학을 연구하는 사람들은 이러한 기본 원리를 이용하여 천체들의 운동과 자연 현상을 설명하려고 노력했지요. 천체들이 지구를 중심으로 돌고 있다는 프톨레마이오스의 천동설은 이러한 패러다임을 바탕으로 천체들의 운동을 설명한 천문 체계였어요. 오랫동안 고대 역학의 패러다임은 아무런 문제가 없는 것처럼 보였어요. 과학자들은 패러다임을 의심하지 않은 채 정상 과학 시기에 통상적으로 하는 과학 활동을 했지요.

위기를 맞이한 고대 역학

하지만 고대 역학에도 위기가 찾아왔어요. 코페르니쿠스가 지구도 태양 주위를 돌고 있는 행성들 가운데 하나라는 지동설을 제안했고, 케플러와 갈릴레이 같은 과학자들의 연구를 통해 코페르니쿠스가 제안한 지동설을 받아들이는 사람들이 많아지게 되었어요. 지구가 우주 공간을 빠르게 달리고 있다는 것을 인정할 수밖에 없게 된 것이지요. 그렇게 되자 더 이상 고대 역학의 패러다임으로는 설명할 수 없는 일들이 많이 나타나게 되었어요.

우선 지구 위에 있는 물체의 운동과 천체의 운동을 구별하는 것이 아무 의미가 없다는 것을 알게 되었어요. 케플러가 행성들도 원운동이 아닌 타원 운동을 한다는 것을 밝혀냈기 때문이지요. 갈릴레이는 망원경을 이용한 천체 관측을 통해 하늘에서도 땅에서와 마찬가지로 여러 가지 변화가 일어나고 있다는 것을 밝혀냈어요. 이것은 고대의 패러다임을 더 이상 받아들일 수 없음을 나타내는 것들이었지요. 고대 역학의 위기가 찾아온 것이에요.

그러자 새로운 역학을 통해 천체의 운동을 설명하려는 과학자들이 나타나게 되었어요. 갈릴레이와 뉴턴은 그런 과학자들 중 한 사람이었어요. 갈릴레이는 태양 주위를 빠르게 돌고 있는 지구 위에서 우리가 평화롭게 살아갈 수 있는 것에 관해 새로운 패러다임을 도입하여 과학적으로 설명하려고 시도했어요. 지구가 빠르게 달리고 있는데 그 위에서 살고

있는 우리가 이 사실을 모른다는 것을 고대 역학의 패러다임으로는 설명할 수 없었거든요.

고대 역학에 의하면 지구가 앞으로 달리고 있으면 위로 던진 돌멩이는 제자리에 떨어지지 않고 뒤쪽에 떨어져야 해요. 돌멩이가 공중으로 올라갔다가 내려오는 동안에 돌멩이에는 아무런 힘이 작용하지 않지만 지구는 앞으로 가기 때문에 돌멩이는 지구를 따라서 달려올 수 없다고 생각한 것이지요.

하지만 실제로 돌멩이를 위로 던져 보면 돌멩이는 제자리에 떨어져요. 갈릴레이는 이것을 설명하기 위해 운동 중에는 힘이 가해지지 않아도 계속할 수 있는 운동이 있다고 주장하고, 그런 운동을 관성 운동이라고 불렀어요. 위로 던진 돌멩이가 제자리에 떨어지는 것은 돌멩이가 위로 올라갔다가 내려오는 동안에 지구가 달리는 방향과 같은 방향으로 관성 운동을 하기 때문이라고 설명했지요.

하지만 어떤 운동이 관성 운동인지를 정확하게 설명하지 못했어요. 갈릴레이는 고대 과학의 패러다임을 의심했지만 이를 대신할 새로운 패러다임을 만들어 내는 데는 성공하지 못했어요.

역학의 새로운 패러다임을 완성하여 역학 혁명을 완성한 사람은 갈릴레이가 죽던 해인 1642년에 태어난 뉴턴이에요. 뉴턴은 역학 법칙과 중력 법칙을 제시해 고대 역학의 패러다임을 대신할 새로운 패러다임을 확립했어요. 뉴턴은 힘과 운동의 관계를 새롭게 설명하는 새로운 역학 법칙을 제안했지요.

첫 번째 역학 법칙은 관성의 법칙이에요. 관성의 법칙은 힘이 가해지지 않으면 물체가 운동 상태를 바꾸지 않는다는 법칙이에요. 운동 상태를 바꾸지 않는다는 것은 속력과 운동 방향을 바꾸지 않는다는 뜻이지요.

고대 과학에서는 힘을 가해야 운동을 계속할 수 있다고 했어요. 그러나 뉴턴은 운동을 계속하는 데는 힘이 필요 없다고 주장했어요. 힘이 가해지지 않으면 운동 상태를 바꾸지 않으므로 항상 같은 방향으로 같은 속력으로 달려야 해요. 이런 운동을 등속 직선 운동이라고 해요. 그러니까 등속 직선 운동은 힘이 필요 없는 관성 운동인 셈이지요. 관성의 법칙은 운동을 계속하기 위해서는 힘을 계속 가해 주어야 한다고 했던 고대 역학의 패러다임이 옳지 않다는 것을 보여 준 법칙이라고 할 수 있어요.

뉴턴의 두 번째 역학 법칙은 외부에서 물체에 힘을 가하면 물체의 운동 속도가 바뀐다는 법칙이에요. 운동 속도가 달라진다는 것은 속력이나 운동 방향이 달라진다는 것을 뜻해요. 그러니까 힘은 운동 상태를 유지하기 위해 필요한 것이 아니라 운동 상태를 바꾸기 위해 필요한 것이라고 주장한 것이지요.

이제 고대 과학의 패러다임과 뉴턴 역학의 패러다임이 어떻게 다른지 확실히 알 수 있겠어요? 확실하게 하기 위해 다시 한 번 정리해 볼까요?

고대 역학 – 힘은 운동 상태를 유지하는 데 필요하다. 따라서 힘을 가해 주지 않으면 물체는 운동을 멈춘다.

뉴턴 역학 – 힘은 운동 상태를 바꾸는 데 필요하다. 따라서 물체에 힘을 가하면 물체의 속력이나 운동 방향이 바뀐다.

어때요? 이렇게 정리하니까 고대 역학과 뉴턴 역학의 차이를 확실하게 알 수 있겠지요? 새로운 패러다임으로 인해 사람들은 이제 힘은 운동하는 방향과 일치하는 것이 아니라 운동이 바뀌는 방향과 일치한다는 것을 알 수 있게 되었어요.

운동 상태가 바뀌는 것을 가속도라고 해요. 물체의 빠르기, 즉 속력이 바뀌는 것도 가속도이고 운동 방향이 바뀌는 것도 가속도예요. 힘의 방향은 속도의 방향이 아니라 가속도의 방향과 일치한다는 것이지요. 그래서 뉴턴의 두 번째 역학 법칙을 가속도의 법칙이라고도 해요.

과학자의 비밀노트

뉴턴의 운동 법칙

1. 외부에서 힘이 가해지지 않는 한 모든 물체는 자기의 상태를 그대로 유지하려고 한다.
2. 힘이 가해졌을 때 물체가 얻는 가속도는 가해지는 힘에 비례하고 물체의 질량에 반비례한다.
3. A 물체가 B 물체에게 힘을 가하면(작용) B 물체 역시 A 물체에게 똑같은 크기의 힘을 가한다.(반작용)

예를 들어 볼게요. 사과가 땅으로 떨어질 때 사과의 속도가 빨라져요. 그것은 사과에 지구 중심 방향으로 힘이 가해지고 있다는 것을 뜻하지요. 달은 지구를 중심으로 돌고 있어요. 달이 돌 때 달의 속력은 바뀌지 않고 운동 방향만 변해요. 물론 실제로는 달이 지구를 중심으로 타원 운동을 하면서 속력도 조금씩 변하지만 여기서는 따지지 않기로 해요. 달의 운동 방향이 계속 변하는 것은 지구 중심 방향으로 힘이 작용하기 때문이에요. 따라서 달이 지구에서 멀어지지 않고 지구 주위를 돌 수 있는 거예요.

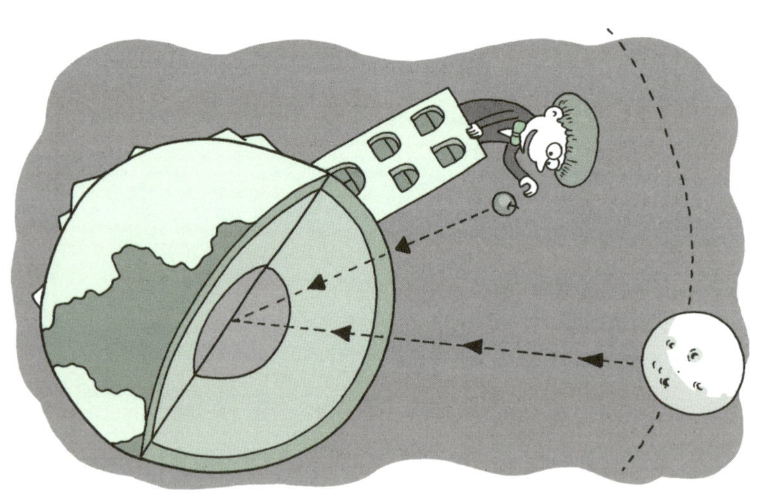

이처럼 사과를 지구 중심 방향으로 끌어당기고, 달이 지구에서 멀리 가지 못하도록 항상 지구 쪽으로 끌어당기는 힘은 무엇일까요? 뉴턴은 모든 물체 사이에는 서로 끌어당기는 중력이 작용한다고 하여 이 문제를 해결했어요. 뉴턴은 중력이 고대 과학의 설명과는 달리 물체가 서로 접촉하지 않고 멀리서도 작용할 수 있는 힘이라고 했어요. 물체 사이에 작용하는 중력의 크기는 물체 사이의 거리의 제곱에 반비례하고 질량의 곱에 비례한다고 했지요.

모든 물체에는 질량의 곱에 비례하고 물체 사이의 거리의 제곱에 반비례하는 중력이 작용한다.

뉴턴은 가속도의 법칙과 중력 법칙을 이용하여 행성들의 운동을 성공적으로 설명할 수 있었어요. 더 이상 천체와 지구 위에 있는 물체의 운동을 구별할 필요도 없게 되었어요.

간단한 법칙 두 가지로 모든 운동을 설명할 수 있다는 것은 놀라운 일이었어요. 1687년에 뉴턴이 《자연 철학의 수학적 원리(프린키피아)》라는 세 권으로 된 책을 통해 새로운 역학을 발표했을 때 사람들은 깜짝 놀랐어요. 뉴턴 역학은 삽시간에 모든 과학자들이 받아들이는 새로운 역학이 되었지요.

이것은 지동설이 등장한 후 사람들이 받아들일 때까지 오랜 시간이 걸렸던 것과는 대조적이었어요. 뉴턴은 고대 역학의 패러다임을 새로운 패러다임으로 바꾸는 데 성공했어요. 다시 말해 역학 혁명을 일으킨 것이지요.

그러면 역학 혁명을 통해 고대의 패러다임이 새로운 패러다임으로 바뀐 내용을 표로 정리해 볼까요?

쿤은 미리 준비해 온 둘둘 말린 커다란 표를 칠판 앞에 걸었다.

고대 역학과 뉴턴 역학의 패러다임 비교

내용	고대 역학	뉴턴 역학
천체와 지상의 물체	천체와 지상의 물체에는 다른 자연법칙이 적용된다.	천체와 지상 물체에는 똑같은 자연법칙이 적용된다.
천체의 운동	천체는 완전한 운동인 원운동을 해야 한다.	천체도 지상의 물체와 같은 운동을 한다.
힘과 운동	운동을 계속하기 위해서는 힘이 계속 가해져야 한다.	힘이 가해지면 운동 상태가 바뀐다.
낙하 운동	물체는 우주의 중심으로 다가가려는 성질이 있어 지구 중심으로 낙하한다.	물체 사이에는 서로 잡아당기는 중력이 작용하고 있어 낙하한다.
힘의 전달	힘은 접촉을 통해서만 전달할 수 있다.	힘은 물체 사이의 거리가 멀어도 원격 작용에 의해 작용할 수 있다.

이 표를 보면 고대 역학의 패러다임과 뉴턴 역학의 패러다임의 차이를 잘 알 수 있어요. 이러한 패러다임의 변화는 역학은 물론 과학 전반에 많은 영향을 미쳤어요. 따라서 뉴턴이 완성한 역학 혁명을 과학 혁명이라고 부르는 사람들도 있어요. 다른 많은 과학 혁명을 놔두고 역학 혁명을 과학 혁명이라고 부르는 것은, 역학 혁명이 인류 역사상 있었던 가장 대표적인 과학 혁명이기 때문일 거예요.

역학 혁명의 완성

뉴턴의 새로운 역학이 정착된 다음에는 과학자들이 정상 과학 시기에 하는 과학 활동을 하게 되었어요. 패러다임을 명료하게 하고 패러다임의 적용 범위를 넓혀가는 연구 활동이 그것이지요.

뉴턴이 《자연 철학의 수학적 원리(프린키피아)》에서 보여 준 것은 그의 역학으로 천체의 운동을 잘 설명할 수 있다는 것이 대부분이었어요. 그것만도 놀라운 일이었지요. 그래서 사람들은 쉽게 뉴턴의 새로운 패러다임을 받아들일 수 있었어요.

하지만 뉴턴의 패러다임을 이용하여 우리 주변에서 일어나는 여러 가지 자연 현상을 설명하는 일은 다른 과학자들이 해야 할 일이었어요. 과학자들은 우리 주변에서 일어나는 자연 현상들도 천체의 운동과 마찬가지로 뉴턴의 역학 법칙으로 모두 설명할 수 있을 것이라고 확신했어요. 혹시 뉴턴 역학으로 설명할 수 없는 현상이 발견되더라도 뉴턴 역학을 의심하지는 않았지요.

뉴턴 역학이 등장한 후 200년 동안은 뉴턴 역학의 정상 과학 시기였어요. 하지만 200년이 지난 후에 뉴턴 역학은 고대 역학이 그랬던 것처럼 위기에 처하게 되지요. 그래서 또 다른 과학 혁명의 대상이 되게 됩니다.

어때요? 역학의 발전 과정을 내가 제안한 과학 혁명 이론으로 설명하니까 모든 것이 명확해 보이지 않나요? 이러한 예를 통해서도 과학사에서 해석 방법이 얼마나 중요한지 다시 확인할 수 있었을 거예요. 나의 과학 혁명 이론은 과학의 발전 과정을 해석하는 하나의 방법이에요. 해석 방법이 달라지면 같은 사건도 그 의미가 전혀 달라지게 돼요.

다음 시간에는 화학의 발전 과정을 과학 혁명 이론으로 설명하겠어요. 화학 혁명 이야기는 역학 혁명 이야기와는 또 다른 재미를 줄 거예요. 그럼 오늘 수업은 여기서 마치겠어요.

만화로 본문 읽기

형, 공은 왜 땅으로 떨어지는 거야?
그거야 당연히 지구의 중력 때문이지.
지금은 당연하다고 생각할지 몰라도 옛날에는 그렇게 생각하지 않았답니다.

그럼 옛날엔 어떻게 생각했는데요?
고대 역학에서는 지구가 우주의 중심이고 물체들은 우주의 중심으로 다가가려는 성질이 있기 때문에 물체가 땅으로 떨어진다고 생각했지요.
우주의 중심인 지구를 향해서 물체가 움직이는군.

이런 생각은 무려 2천 년 동안 지배적인 역학의 패러다임이었어요. 하지만 코페르니쿠스의 지동설이 나오자 더 이상 고대 역학의 패러다임으로는 설명할 수 없는 일들이 많이 나타났지요.
그럼 새로운 패러다임이 나왔겠네요?
이상해, 고대 역학으론 도저히 설명이 안 돼.

네, 그게 바로 뉴턴 역학이죠. 뉴턴은 힘이 가해지지 않으면 물체가 운동 상태를 바꾸지 않는다는 관성의 법칙과 외부에서 물체에 힘을 가해주면 물체의 운동 속도가 바뀐다는 가속도의 법칙을 주장했어요.
물체는 힘을 가하면 운동 속도가 바뀝니다.

또한 모든 물체 사이에는 서로 끌어당기는 중력이 작용한다고 주장했어요. 뉴턴은 가속도의 법칙과 중력 법칙을 이용하여 행성들의 운동을 성공적으로 설명할 수 있었어요.
와, 놀라운 일이었겠네요.

물론 뉴턴 역학도 고대 역학이 그랬던 것처럼 위기에 처하게 되지만 200년 동안은 뉴턴 역학이 과학 전반에 많은 영향을 미쳤지요.
그야말로 과학 혁명이었군요.

5

라부아지에의 화학 혁명

플로지스톤설은 어떤 학설인가요?
산소는 누가 발견했을까요?
라부아지에가 완성한 화학 혁명의 내용은 무엇일까요?

5

라부아지에의
화학 혁명

쿤이 공부하고 있는 학생들을
기특하게 바라보면서
다섯 번째 수업을 시작했다.

산소의 발견

여러분이 모두 공부를 하고 있어서 교실을 잘못 찾은 게 아닌가 했어요. 어쩐 일이지요? 수업을 시작하기 전부터 이렇게 열심히 공부를 하다니요. 내 수업이 너무 어려워서 복습을 해야 수업을 들을 수 있기 때문에 공부를 하는 건가요? 아니면 수업 내용이 재미있어서 공부를 하는 건가요?

__선생님의 과학사 이야기가 지금까지 들었던 과학 이야기와 달라서 재미있습니다. 그래서 더 열심히 수업을 들으려

고 복습하고 있었어요.

아, 그랬군요. 자연 현상을 설명하는 과학 이야기는 많이 들었겠지만 과학의 발전 과정을 설명하는 과학사 이야기는 처음으로 접한 모양이군요. 어쨌든 여러분이 나의 수업 내용에 흥미를 느낀다니 참으로 다행이에요. 그럼 오늘 수업을 시작할까요?

오늘은 화학 혁명 이야기를 하려고 해요. 본격적으로 화학의 발전 과정을 이야기하기 전에 우선 몇 가지 질문을 해 볼게요. 여러분은 모두 산소가 무엇인지 잘 알고 있을 거예요. 그렇다면 산소 기체를 처음으로 발견한 사람이 누구라고 알고 있나요? 아는 학생이 있으면 자유롭게 발표해 보세요.

__ 산소는 영국의 프리스틀리가 발견했어요.

프리스틀리를 알고 있군요. 혹시 이와 다르게 생각하는 학생은 없나요?

__ 산소는 프랑스의 라부아지에가 발견했다고 들었어요.

아, 라부아지에를 알고 있는 학생도 있군요. 그렇다면 프리스틀리와 라부아지에 중에서 누가 산소를 처음으로 발견했을까요? 매우 간단한 질문 같지만 이것은 대답하기가 매우 어려운 질문입니다. 과학의 발전 과정을 전문적으로 연구하

과학자의 비밀노트

프리스틀리(Joseph Priestley, 1733~1804)

영국의 신학자 · 철학자 · 화학자이다. 1771년 물의 조성을 처음으로 발견하였고, 1774년 수은의 산화물을 분해하여 산소를 발견하였지만 산소의 정체를 밝혀내지는 못하였다.

라부아지에(Antoine Lavoisier, 1743~1794)

프랑스의 화학자이다. 새로운 연소 이론을 확립하였으며 새로운 화학 이론을 발표하기 위해 베르톨레, L.B.기통 드 모르보, A.F.푸르크루아 등과 협력하여 낡은 화학 용어를 버리고 새로운 《화학 명명법》을 만들어 출판했다. 이것은 현재 사용되는 화학 용어의 기초가 되었다.

는 과학사학자들도 이 문제의 답을 구하기 위해 오랫동안 연구하며 논쟁을 벌여 왔으니까요. 아마 오늘 수업을 마치고 나면 여러분도 이 질문을 다시 생각해 보게 될 거예요.

플로지스톤설

700년대 화학자들에게는 풀어내야 할 어려운 문제가 주어져 있었어요. 그것은 물질이 탄다는 것은 어떤 일이 벌어지는 것이냐 하는 문제였지요. 물질이 타는 것을 연소된다고 말하기도 해요. 나무나 종이를 태우면 재만 남는다는 것은 여러분도 잘 알고 있을 거예요. 나무나 종이만 타는 것은 아니에요. 마그네슘과 같은 금속도 불에 타지요. 특히 마그네슘은 격렬하게 타기 때문에 불꽃을 만들 때 사용하기도 해요.

연소의 문제를 연구하던 과학자들은 물질이 탄다는 것은 물질 속에 포함되어 있던 플로지스톤이 달아나는 현상이라고 설명했어요. 불에 잘 타는 물질은 플로지스톤을 많이 포함하고 있고, 불에 잘 타지 않는 물질은 플로지스톤을 조금 포함하고 있는 물질이라고 설명했지요. 물질이 탄 다음에 남은 재의 무게가 타기 전의 물질의 무게보다 가벼운 것은 연

소되는 동안에 플로지스톤이 달아난 증거라고 했지요. 1700
년대의 화학자 대부분은 플로지스톤설을 받아들였어요. 그
러니까 플로지스톤설은 1700년대 화학 분야의 패러다임이
었지요.

플로지스톤설을 사실로 받아들이고 실험을 통해 밝혀진 사
실들을 플로지스톤설로 해석하던 시기에 산소가 발견되었어
요. 영국에서 목사로 일하면서 화학 실험을 하던 프리스틀리
(Joseph Priestley, 1733~1804)는 수은의 산화물을 가열할
때 나오는 기체를 모아 보았어요. 1774년에 프리스틀리는 이
기체를 아산화질소라고 했어요. 아산화질소는 이전 실험에
서 이미 모아 보았던 기체였어요.

그러나 프리스틀리는 이 기체가 지금까지 알고 있던 기체

들과 다른 성질을 가지고 있다는 것을 알게 되었어요. 이 기체 안에서는 다른 물체들이 격렬하게 불꽃을 내며 잘 탔기 때문이었지요. 그래서 1775년에 그는 이 기체가 다른 물질보다 플로지스톤을 덜 가지고 있어서 다른 물질로부터 플로지스톤을 빼앗는 기체라고 설명했어요. 이 기체를 '탈플로지스톤 기체'라고 부른 것은 이 때문이었어요.

하나의 패러다임이 자리 잡고 있는 정상 과학 시기에는 모든 현상을 패러다임에 입각해서 설명한다고 했던 것을 기억하고 있나요? 프리스틀리는 자신이 발견한 새로운 기체를 플로지스톤설의 패러다임 안에서 설명하려고 했어요.

프리스틀리만 그랬던 것은 아니에요. 비슷한 시기에 화학 실험을 하고 있던 대부분의 화학자들은 이와 비슷하게 생각했어요. 이것으로 정상 과학 시기에 패러다임의 영향력이 얼마나 큰지 실감할 수 있을 거예요.

최초로 '산소'라고 명명한 라부아지에

한편 프랑스에서는 라부아지에(Antoine Lavoisier, 1743~1794)가 화학 연구를 하고 있었어요. 라부아지에와 프리스틀리는 서로 알고 지내는 사이였어요. 프리스틀리가 여행 중에 라부아지에의 집을 방문해 식사를 하면서 자신이 했던 실험 이야기를 들려주기도 했지요. 프리스틀리의 이야기에서 힌트를 얻은 라부아지에는 스스로 산소를 얻어내는 실험을 했어요. 그는 처음에 이 기체가 공기보다 순수해서 호흡하기 좋은 기체라고 설명했어요. 그러나 1777년에는 이 기체가 지금까지 발견된 것과는 다른 종류의 기체로 대기를 이루는 두 가지 중요한 성분 중 하나라고 했어요. 그는 또한 물질이 산성을 나타내는 것은 이 기체 때문이라고 했지요.

자, 여기까지 듣고 이제 산소를 누가 처음으로 발견했는지 생각해 볼까요? 프리스틀리는 산소를 처음으로 모으기는 했지만 그것을 제대로 설명하지 못했어요. 그리고 엄밀하게 따지면 프리스틀리가 모은 기체 속에는 여러 가지 기체가 섞여 있었어요. 공기 중에는 산소가 많이 들어 있어요. 그렇다고 공기를 용기에 담은 사람은 누구나 산소를 담은 사람이라고 할 수 있을까요? 그런 사람들 모두 산소의 발견자라고 할 수 있을까요?

라부아지에는 어때요? 프리스틀리보다는 산소 기체의 성질을 사실에 가깝게 설명했지만 산소를 제대로 설명한 것은 아니에요. 산성을 나타내는 원인이 산소라는 설명은 옳은 것

이 아니거든요. 이 기체에 '산소'라는 이름을 붙인 사람은 라부아지에예요. 라부아지에는 1777년에 프랑스 과학 아카데미에 제출한 실험 보고서에서 처음으로 이 기체를 산소라고 불렀어요. 산소라는 명칭을 처음 사용한 것이 산소의 발견자를 결정하는 데 중요한 판단 근거가 될 수 있을까요?

당시 화학자들이 관심을 집중한 것은 새롭게 발견된 이 기체가 아니었어요. 문제의 핵심은 연소가 어떻게 이루어지느냐 하는 것이었지요. 많은 사람들은 플로지스톤설로 연소의 문제를 모두 설명할 수 있다고 생각했어요. 그들은 자신들이 얻은 실험 결과를 아무 의심 없이 플로지스톤설로 설명했어요.

1781년에 프리스틀리는 산소와 수소의 혼합물에 불을 붙이면 폭발적으로 연소되면서 물방울이 생긴다는 것을 알아냈어요. 영국의 화학자 캐번디시(Henry Cavendish, 1731~1810)도 이 실험을 되풀이하여 물은 산소 1부피와 수소 2.02부피의 결합으로 이루어졌다는 것을 발견하기도 했어요. 그러나 프리스틀리는 산소는 플로지스톤을 빼앗긴 물이며, 수소는 플로지스톤 그 자체 또는 플로지스톤을 많이 가진 물이라고 설명했어요.

그러나 라부아지에는 그러한 설명에 만족할 수 없었어요. 마그네슘을 태우면 무게가 감소하는 것이 아니라 오히려 증가한다는 것을 확인한 그는 연소는 공기 중의 어떤 성분이 물질과 결합하는 현상이라고 생각하고 그런 생각을 증명하기 위해 많은 실험을 했어요.

1780년에 라부아지에는 공기가 25%의 산소와 75%의 질소로 이루어졌다고 발표했고, 1783년 6월 25일에는 과학 아카데미에서 물은 산소와 수소가 결합하여 만들어진 화합물이라고 발표했어요. 1789년에 라부아지에는 자신의 실험 결과를 산소 이론으로 설명한 《화학 원론》을 출간했어요. 라부아지에는 《화학 원론》을 통해서 연소는 물질과 산소의 결합이라는 것과 화학 반응의 전후에는 화학 반응에 참여하는 물질의 총질량이 변하지 않는다는 질량 보존의 법칙을 제안했어요.

라부아지에의 새로운 연소 이론은 그동안 널리 받아들여져 온 플로지스톤설을 부정하는 것이었어요. 그것은 새로운 패러다임을 제시한 것이라고 할 수 있어요. 플로지스톤설이라는 패러다임의 한계 안에서 이루어졌던 프리스틀리의 과학 활동과 달리 라부아지에의 연구는 플로지스톤이라는 패러다임의 결함을 인식하고 그 한계를 박차고 나온 것이었어요.

이처럼 새로운 패러다임을 제시한 라부아지에의 과학 활동은 기존의 과학 활동과는 전혀 다르다고 할 수 있어요. 라부

아지에는 혁명가였던 것이지요. 그래서 라부아지에가 발견한 새로운 연소 이론을 화학 혁명이라고 불러요.

라부아지에의 새로운 이론은 화학의 기초를 새롭게 하는 역할을 했어요. 이 새로운 화학의 기초를 토대로 여러 가지 실험이 이루어졌고 그 결과 1808년에는 영국의 기상학자였던 돌턴(John Dalton, 1766~1844)이 원자론을 내놓을 수 있었어요. 물론 원자론은 화학의 발전 과정에 있었던 또 다른 화학 혁명이라고 보아야 하겠지만 라부아지에의 화학 혁명 없이는 불가능했을 거예요.

잠깐 여기서 플로지스톤설과 산소 이론의 패러다임이 어떻게 다른지 정리해 볼까요?

플로지스톤설과 산소 이론의 비교

내용	플로지스톤설	산소 이론
연소	물질이 플로지스톤을 잃는 과정이다.	물질이 산소와 결합하는 것이다.
산소	다른 물질로부터 플로지스톤을 빼앗는 탈플로지스톤 기체이다.	공기를 이루는 성분 중의 하나인 기체이다.
산소와 수소의 결합	산소는 플로지스톤을 빼앗긴 물이고, 수소는 플로지스톤을 많이 포함하고 있는 물이다.	물은 산소와 수소가 결합하여 만들어진 화합물이다.

그럼 다시 '산소를 누가 발견했는가?'라는 문제로 돌아가 볼까요? 지금까지 이야기를 듣고 여러분은 누가 산소를 발견했다고 생각하나요?

__ 라부아지에요.

__ 프리스틀리요.

__ 아니에요. 라부아지에가 산소를 발견한 것이에요.

여러분 대다수가 라부아지에가 산소를 발견했다는 쪽으로 생각이 바뀌었군요. 왜 그렇게 생각하지요?

__ 프리스틀리는 무언가 잘못된 과학 활동을 했고, 라부아지에는 옳은 것을 밝혀낸 과학 활동을 한 것 같아요.

아, 그래서 라부아지에 편을 드는 학생들이 많아졌군요. 하지만 산소를 누가 발견했느냐 하는 질문은 별로 중요하지 않다고 생각하는 학생은 없나요? '누가 산소를 발견했는가?'라는 문제는 발견을 어떻게 정의하느냐에 따라 답이 달라질 수 있어요. 따라서 오랫동안 논쟁을 벌여도 쉽게 결론이 날 수 없는 문제이지요.

화학의 발전 과정에서 더 중요한 것은 누가 언제 산소를 발견했느냐 하는 것이 아니라 연소를 설명하는 플로지스톤설

이라는 패러다임이 산소 이론으로 바뀌는 과정이 아닐까요? 프리스틀리는 플로지스톤설의 한계 안에 있던 과학자였고 라부아지에는 플로지스톤설의 한계를 벗어나 새로운 패러다임을 제시한 과학자이지요. 새로운 패러다임을 만들어내는 데는 산소와 관련된 실험이 중요한 역할을 했고요.

그러니까 지금까지 매우 중요한 문제처럼 취급되어 왔던 '누가 산소를 발견했는가?'라는 문제가 실제로는 그다지 중요하지 않은 문제라는 것이지요. 문제는 누구의 과학 활동이 화학 발전에 더 많은 영향을 주었느냐 하는 것이에요. 하지만 오랫동안 사람들은 별로 중요하지 않은 문제에 매달려 정작 중요한 문제에는 관심을 기울이지 않았어요. 이제 과학 혁명이라는 측면에서 보니까 어떤 것이 중요하고 어떤 것이 덜 중요한지를 알 수 있게 된 것이지요.

오늘 수업을 통해서 화학의 발전 과정과 화학 혁명이 일어나는 과정에 대해서 더 많은 것을 이해하게 되었으면 좋겠어요. 다음 시간에는 생물학 분야에서 있었던 진화론 혁명에 대해서 이야기하겠어요.

여러분, 오늘도 수업 듣느라 수고 많았어요.

만화로 본문 읽기

선생님, 산소는 누가 처음으로 발견했나요? 어떤 사람은 프리스틀리라고 하고 어떤 사람은 라부아지에라고 하는데 누가 맞는 건가요?
음, 그건 아직도 논쟁 중이어서 답을 말하긴 곤란하지만 내 설명을 듣고 생각해 보세요.

과거의 과학자들은 물질이 탄다는 것은 물질 속에 포함되어 있던 플로지스톤이 달아나는 현상이라고 설명했어요.
오, 그래요?
흠, 플로지스톤이 달아나고 있군.

그러던 어느 날 프리스틀리가 수은의 산화물을 가열할 때 나오는 기체를 분석하고, 이 기체가 다른 물질로부터 플로지스톤을 잘 빼앗는다고 설명했지요.
오, 이 기체는 플로지스톤을 잘 빼앗는군.

바로 이 기체가 산소였어요. 프리스틀리는 산소를 처음으로 모았지만 제대로 설명하지는 못했어요. 이후 라부아지에가 산소 기체의 성질을 사실에 더 가깝게 설명했고 '산소'라고 명명했지요.
라부아지에는 산소에 대해 어떻게 설명했는데요?
타는 것은 플로지스톤 때문이 아니라 산소 때문이오!
산소
산소
산소
산소
산소
오호~ 그렇군.

그는 산소가 호흡하기 좋은 기체이며, 대기를 이루는 두 가지 중요한 성분 중 하나라고 했지요.
호흡에 필요한 기체!
산소
대기를 구성하는 중요한 기체!
물질의 연소를 돕는 기체!

라부아지에의 새로운 연소 이론은 기존의 플로지스톤설을 부정하는 획기적인 것이었어요. 이 새로운 패러다임은 근대 화학의 기초가 되었지요.
생각해 보니까 누가 산소를 처음 발견했는가는 그리 중요한 문제가 아닐지도 모르겠네요.

진화론 혁명

진화론 이전에는 생명이 어떻게 탄생한다고 생각했을까요?
라마르크의 진화론은 어떤 내용인가요?
다윈의 진화론은 어떤 내용인가요?

6

진화론 혁명

쿤이 가져온 봉투를
교탁 위에 내려놓으면서
여섯 번째 수업을 시작했다.

오늘은 지난 시간에 예고한 대로 진화론 혁명 이야기를 하겠어요. 물리학이나 화학에서 '혁명'이라는 말을 자주 사용하는 것과는 달리 생물학에서는 혁명이라는 말을 자주 사용하지 않아요. 생물학은 다른 분야보다는 덜 혁명적인 방법으로 발전해 왔기 때문이에요. 생물학에서는 오랜 관찰을 통해 알게 된 지식들이 쌓여서 발전해 가는 경우가 많지요.

그러나 생물학 분야라고 해서 혁명이라고 부를 만한 사건이 아주 없는 것은 아니에요. 현미경을 이용한 세포의 발견은 생명체에 대한 생각을 바꾸어 놓은 중요한 사건이었어요.

따라서 세포의 발견을 혁명이라고 부를 수도 있어요.

하지만 생물학 분야에서는 무엇보다도 진화론의 등장이야말로 혁명이라고 부를 수 있을 만큼 중대한 사건이에요. 다른 과학적인 발견이 해당 분야에만 영향을 끼친 것과는 달리 진화론의 등장은 과학 분야는 물론 종교계, 교육계 등 사회 전반에 큰 영향을 끼친 중요한 사건이었어요. 따라서 과학 혁명을 다룰 때 빼놓을 수 없는 이야기이지요.

창조론에 대한 오래된 믿음

우리가 현재 알고 있는 수많은 생명체들이 어떻게 존재하게 되었느냐 하는 것은 매우 중요한 질문이지만 오랫동안 과학에서는 다루지 않던 문제였습니다. 왜냐하면 이 질문은 이미 종교적으로 답이 정해져 있는 데다 과학적으로 다룬다고 해도 답을 알아내기는 어려운 문제였기 때문이지요.

그래서 사람들은 오랫동안 생명체는 전능한 신이 창조했다는 창조론을 사실로 받아들일 수밖에 없었어요. 실제로 유럽인들이 주로 믿었던 기독교의 성서에는 신이 세상 만물과 각종 생명체를 창조한 이야기가 자세하게 쓰여 있습니다. 성서에는 하느님이 태초에 생명체를 각기 종별로 창조하였다고 거듭 강조함으로써 각종 생명체가 신의 창조에 의해 태초부터 존재하게 되었다는 것을 의심 없이 받아들이도록 했어요.

이렇게 신이 생명체를 각기 종별로 창조했다는 것은 오랫동안 모든 사람들이 받아들이던 하나의 패러다임이었어요. 이 패러다임에서는 사람은 다른 종류의 생명체와는 다르게 신이 특별하게 창조했으므로 자연계에서 사람은 특별한 위치를 차지한다고 주장했어요.

과학 이론이 아닌 종교적인 주장을 패러다임이라고 하는 것이 조금은 어색하기도 하지만, 과학자를 포함한 대부분의 사람들이 그런 생각을 받아들였으므로 패러다임이라고 해도 그다지 문제될 것은 없을 거예요. 더구나 요즈음에는 패러다임이라는 말이 다양한 분야에서 넓은 의미로 사용되고 있기 때문에 이런 생각 역시 패러다임이라고 할 수 있을 거예요.

현미경의 사용과 창조론의 위기

모든 종류의 생명체가 처음부터 존재했다는 패러다임에 의심을 가지기 시작한 것은 생물학이 발전하고 난 다음의 일이

었어요. 17세기부터 생물학자들은 현미경을 사용하여 생명체를 관찰하기 시작했어요. 현미경 관찰의 결과로 생물학자들은 세포를 발견했고 세포 속에는 어떤 기관들이 있으며, 각 기관들이 어떤 일을 하는지 자세히 알 수 있게 되었어요.

이렇게 생명 현상을 세포 단위에서 이해하려고 하는 생물학을 '세포 생물학'이라고 해요. 여러분이 학교에서 배우는 생물학의 대부분의 내용이 세포 생물학이에요.

세포 생물학이 발전하자 과학자들은 사람 세포의 구조와 다른 동물 세포의 구조가 매우 비슷하며 세포 속에서 일어나는 일들이 매우 유사하다는 것을 알게 되었어요. 그것은 사람이 다른 종류의 동물들과는 달리 특별하게 창조되었다는 가르침을 의심하게 하는 사실이었지요. 더구나 세포의 기본 기능은 고등 동물의 세포에서는 물론 미생물의 세포에서도 모두 같아요.

이것은 매우 놀라운 발견이었지요. 따라서 과학자들 중에는 생물이 처음부터 각기 종별로 존재해 온 것이 아니라 하나의 생명체가 분화하고 발전해서 다양한 생명체들이 만들어졌을 것으로 생각하는 사람이 나타났어요. 창조론의 패러다임이 위기를 맞이하기 시작한 것이지요.

진화론을 처음 주장한 사람은 프랑스의 라마르크(Jean−

Baptiste Lamarck, 1744~1829)예요. 라마르크는 1809년에 출판한 《동물 철학》에서 원시 동물은 자연 발생으로 생겨났고, 이로부터 더 복잡한 구조를 가지는 동물로 진화했다고 주장했어요. 그는 진화를 설명하기 위해 2가지 가설을 제안했어요. 하나는 어느 부분이고 쓰면 쓸수록 발달되지만 반대로 쓰지 않는 부분은 점차로 퇴화하여 없어진다고 하는 용불용설이고, 다른 하나는 생물이 살면서 얻은 성질은 자손에게 유전한다는 것이에요.

라마르크는 뱀의 조상은 도마뱀과 같이 몸이 짧고, 다리가 달렸었지만 뱀이 먹이를 얻기 위해 이리저리 좁은 구멍을 통

과하면서 땅을 기어 다니게 되자, 기는 데 필요 없는 다리가 사라지고 몸은 가늘고 길어졌다고 설명했어요. 또한 애초에 짧았던 기린의 목이 길어진 것은 기린이 높은 나무에 있는 먹이를 먹기 위해 목을 길게 늘인 결과라고 말했어요.

라마르크의 이런 주장은 창조론의 패러다임을 바꾸기에는 역부족이었어요. 아직 인간이 미생물로부터 진화했다는 주장을 받아들일 수 있을 만큼 시기가 무르익지 않았을 뿐만 아니라, 살면서 얻은 성질이 자손에게 유전된다는 것을 생물학적으로 증명할 수도 없었기 때문이었지요. 결국 라마르크의 시도는 창조론의 패러다임을 바꾸지 못하고 실패로 끝나고 말았어요.

다윈의 진화론

그러나 50년 후, 창조론의 패러다임을 바꾸려고 시도한 또 다른 사람이 나타났어요. 그 사람은 바로 영국의 다윈 (Charles Darwin, 1809~1882)이었어요. 다윈은 라마르크가 《동물 철학》을 출판하던 1809년에 태어났어요. 처음에는 의사가 되기 위해 의대에 진학했지만 그의 관심은 곧 생물학과

지질학 쪽으로 기울었어요. 대학을 졸업한 후 다윈은 남미 대륙 지도를 그리기 위한 정부 프로젝트의 일환으로 비글호를 타고 남미 대륙과 아프리카, 오스트레일리아를 여행했어요.

다윈이 비글호를 타고 남미 대륙 탐사 여행을 떠난 것은 그가 스물두 살이던 1831년 12월 27일이었어요. 다윈은 5년 동안이나 계속된 탐사 여행을 통해 많은 것을 배울 수 있었어요. 남미의 서부 해안을 도는 18개월의 탐사가 끝난 후 비글호는 1834년 12월에 갈라파고스 제도의 채텀 섬에 도착했어요. 다윈은 그곳에서 진화론 성립에 가장 중요한 역할을 한 발견을 하게 됐어요. 다윈은 갈라파고스 제도에서 발견한 표

본들을 분석하고 정리하는 과정에서 진화론에 대한 구상을 할 수 있었거든요. 비글호가 탐사 여행을 마치고 영국의 팔머스 항구에 도착한 것은 1836년 10월이었어요.

여행에서 돌아온 다윈은 여행을 하는 동안 수집한 자료들을 모아 생물학계를 뒤흔들 새로운 이론을 만드는 일에 착수했어요. 그가 준비하고 있는 새로운 이론은 생물의 한 종이 다른 종으로 진화해 간다는 것이었어요. 그는 자신이 수집한 자료는 물론 다른 학자들이 수집한 자료들을 분석한 후 생물의 다양한 종들이 처음부터 존재했던 것이 아니라 한 종이 다른 종으로 변해 간다고 확신했어요. 하지만 무엇이 그런 진화

를 가능하게 하는지를 설명하는 것은 쉬운 일이 아니었어요.

과학자의 비밀노트

다윈의 자연 선택설

자연 상태의 생물 집단에서는 어떤 변이가 나타나고 생물 상호간에 치열한 생존 경쟁이 일어나게 되는데, 생존에 불리한 개체들은 도태되고 유리한 개체들은 자연 선택되어 번성하여 점진적으로 진화한다는 적자생존의 원칙에 기반한 진화론이다.

다윈은 생물의 한 종을 다른 종으로 변하게 하는 원인을 생존 경쟁과 자연 선택이라고 생각했어요. 환경에 적응하기 위한 생존 경쟁에서 승리한 생명체는 살아남아 자손을 남기고, 경쟁에서 진 생명체는 자손을 남기지 못하게 된다고 생각한 것이지요. 그렇게 되면 세대가 거듭됨에 따라 환경에 잘 적응할 수 있는 우수한 자질을 가진 생명체로 변해 가게 된다는 거예요. 이런 내용을 담은 《종의 기원》은 1859년 11월 24일에 출간되었어요. 《종의 기원》은 초판으로 인쇄된 1,250권이 출간되자마자 매진될 정도로 많은 관심을 끌었어요.

지구에 존재하는 수많은 생명체들이 모두 처음부터 존재했던 것이 아니라 하나의 생명체로부터 차츰 변하여 만들어졌

다는 것은 생명체에 대한 기존의 생각을 뒤엎는 혁명적인 생각이었어요. 이것은 단순한 생물학의 혁명으로 끝날 문제가 아니었지요. 이 문제는 종교, 윤리의 문제와도 직접 연결되어 있기 때문이에요.

진화론의 발전과 논쟁

진화론이 제안된 후 진화론의 지지자와 반대자들 사이에는 격렬한 토론이 계속되었어요. 다윈은 그의 새로운 학설이 논란거리가 될 것이라고 예상했지만 그런 논란은 생물학자들 사이의 논란으로 한정될 것이라고 생각했어요. 하지만 진화론에 대한 논쟁은 생물학계 밖으로 확대되었고, 결국에는 과학계를 벗어나 종교계와 일반인들이 참여하는 논쟁이 되었지요. 그리고 그러한 논란은 아직도 끝난 것이 아니에요. 지금도 진화론을 찬성하는 사람들과 반대하는 사람들이 첨예하게 대립하고 있어요.

그런 의미에서 진화론 혁명은 아직도 진행 중이라고 할 수 있어요. 과학 혁명은 원래 일반인들이 어떤 학설을 인정하느냐 인정하지 않느냐에 의해 결정되는 것이 아니에요. 과학을 전문적으로 연구하는 과학자들이 새로운 패러다임을 받아들이면 과학 혁명이라고 할 수 있지요. 따라서 일반인들은 어떤 일이 일어나고 있는지도 모르는 가운데 과학 혁명이 진행되는 경우가 많아요. 지난 시간에 설명한 화학 혁명 같은 것이 그런 예에 해당하지요. 화학을 전문적으로 연구하는 화학자들 외의 일반인들은 플로지스톤설이나 산소 이론에 별다른 관심이 없었거든요. 따라서 화학 혁명은 사회적으로 볼 때 매우 조용히 진행되었어요.

하지만 진화론 혁명은 아주 많은 사람들이 논쟁에 참여하여 시끄럽게 진행되었어요. 그렇게 되자 새로운 패러다임을 확립하는 일이 더욱 어렵게 되었지요. 생물학자들 중에는 진화론을 새로운 패러다임으로 받아들이는 사람들이 많아요. 하지만 일반인들 중에는 아직도 진화론에 찬성하지 못하는 사람들이 있지요. 진화론의 논쟁이 앞으로 어떤 방향으로 전개될지 지켜보는 것도 재미있을 거예요.

어때요? 진화론 혁명 이야기는 앞에서 이야기했던 다른 과학 혁명 이야기와는 많이 다르지요? 생물의 진화와 관련된 문제는 실험을 통해 확인할 수 있는 것도 아니에요. 수억 년이 걸리는 진화의 과정을 직접 확인할 수 있는 방법이 없기 때문이지요. 따라서 진화론 논쟁은 앞으로도 쉽게 결론이 나

지는 않을 거예요.

자, 그러면 오늘 수업을 마무리하기 전에 한 가지 재미있는 실험을 해 볼까요?

여기까지 이야기한 쿤은 반장을 앞으로 나오도록 해서 봉투에 있는 종이를 학생들에게 나누어 주도록 했다. 종이는 진화론에 대한 찬성 여부를 묻는 설문지였다.

지금 반장이 여러분에게 진화론에 관한 설문지를 나누어 줄 거예요. 사람들은 종교나 개인적인 판단에 따라 진화론에 찬성하기도 하고 반대하기도 해요. 여러분은 어떻게 생각하는지 한번 알아볼까요? 설문지를 받으면 찬성하는지, 반대하는지, 아니면 잘 모르겠는지를 표시해 주세요.

학생들이 설문지에 표시를 한 후 반장이 다시 설문지를 모아서 쿤에게 가져 왔다. 쿤은 설문지를 세 그룹으로 분류했다.

이 반의 학생이 모두 25명이지요? 그런데 진화론에 찬성하는 학생이 13명이로군요. 반대하는 학생은 7명이고, 잘 모르겠다고 대답한 학생은 5명이에요.

진화론에 대한 설문 조사 결과

구분	진화론에 찬성한다.	진화론에 반대한다.	잘 모르겠다.
학생 수 (총 25명)	13명	7명	5명

  이 반에는 진화론에 찬성하는 학생이 많군요. 얼마 전에 다른 반에서 이런 설문 조사를 한 적이 있는데 전체 인원의 3분의 1이 진화론에 찬성하고, 3분의 1은 반대했으며, 나머지 3분의 1은 잘 모르겠다고 대답했어요. 학생들이 과학자는 아니지만 진화론에 대한 찬성과 반대 입장이 이렇게 팽팽하게 맞서고 있다는 것은 진화론 혁명이 아직도 진행 중이라는 증거라고 할 수 있어요.

  그럼, 오늘 수업은 여기서 마칠까요? 내일은 아인슈타인의 상대성 이론이 등장하는 과정에 대해 알아보기로 하겠어요. 오늘도 열심히 수업 듣고, 또 설문 조사에도 응해 주느라 수고 많았어요.

만화로 본문 읽기

선생님, 생명의 기원설에서도 패러다임의 전환이 있었나요?
물론이죠. 진화론의 패러다임 등장은 과학뿐만이 아니라 종교와 학계 전체에 파장을 일으킨 대혁명이었죠.

과거엔 모든 생물의 종은 전능한 신이 창조했다고 믿었고, 지금도 많은 사람이 그렇게 믿고 있어요.
모든 생물은 전지전능한 신께서 만드셨습니다.

그런데 세포 생물학이 발전하면서 생물이 처음부터 각기 종대로 존재해 온 것이 아니라 하나의 생명체가 분화하고 발전해서 다양한 생명체들이 만들어졌다고 생각하는 과학자들이 생겨났어요.
창조의 패러다임이 위기를 맞이했군요
오~ 동물 세포와 사람의 세포가 이렇게 비슷하다니!

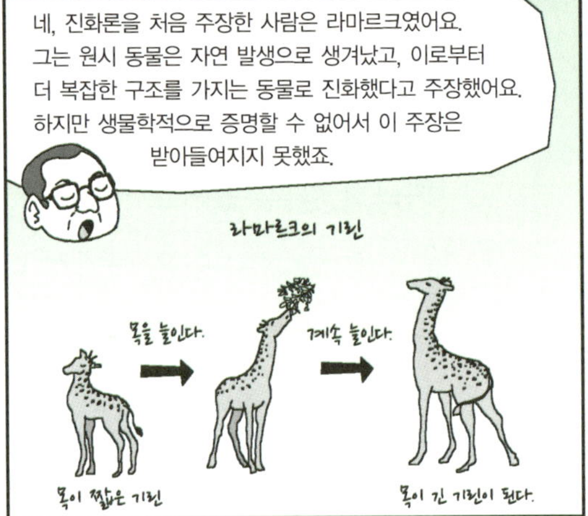

네, 진화론을 처음 주장한 사람은 라마르크였어요. 그는 원시 동물은 자연 발생으로 생겨났고, 이로부터 더 복잡한 구조를 가지는 동물로 진화했다고 주장했어요. 하지만 생물학적으로 증명할 수 없어서 이 주장은 받아들여지지 못했죠.
라마르크의 기린
목을 늘인다.
계속 늘인다.
목이 짧은 기린
목이 긴 기린이 된다.

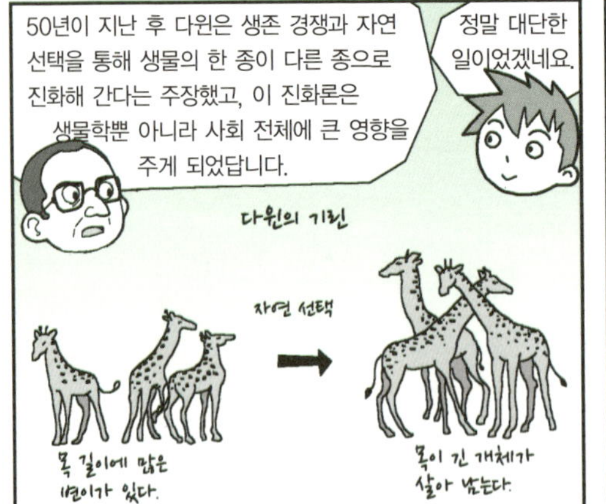

50년이 지난 후 다윈은 생존 경쟁과 자연 선택을 통해 생물의 한 종이 다른 종으로 진화해 간다는 주장했고, 이 진화론은 생물학뿐 아니라 사회 전체에 큰 영향을 주게 되었답니다.
정말 대단한 일이었겠네요.
다윈의 기린
자연 선택
목 길이에 많은 변이가 있다.
목이 긴 개체가 살아 남는다.

이 문제로 진화론의 지지자와 반대자들 사이에서 격렬한 토론이 계속되었고 과학계를 벗어나 종교계와 일반인들이 참여하는 논쟁이 되었지요. 그리고 지금도 여전히 진행 중이죠.
하긴 수억 년이 걸리는 진화의 과정을 직접 확인할 수 있는 방법이 없으니까요.

상대론 혁명

뉴턴 역학은 왜 위기를 맞이하게 되었을까요?
아인슈타인은 어떻게 상대성 이론을 제안하게 되었을까요?
상대론의 패러다임은 무엇일까요?

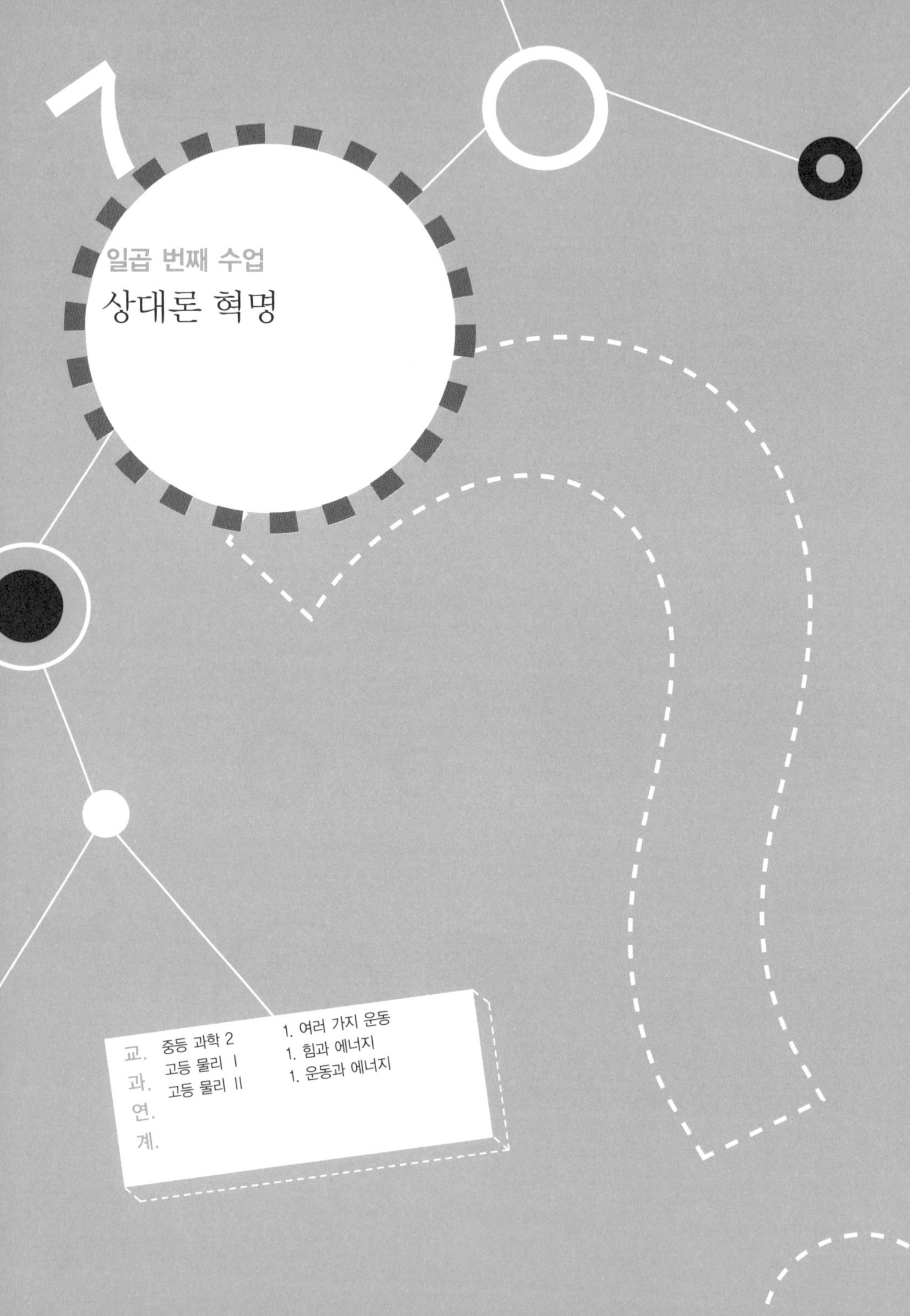
일곱 번째 수업
상대론 혁명

교. 중등 과학 2   1. 여러 가지 운동
과. 고등 물리 Ⅰ   1. 힘과 에너지
연. 고등 물리 Ⅱ   1. 운동과 에너지
계.

쿤이 부드러운 미소를 지으며
일곱 번째 수업을 시작했다.

여러분 가운데 '아인슈타인'이라는 이름을 처음 들어 본
학생이 있나요?

— …….

아무도 없군요. 아인슈타인(Albert Einstein, 1879~1955)
은 워낙 유명한 사람이어서 아마 다들 잘 알고 있을 거예요.
그가 상대성 이론을 제안한 사람이라는 것도 물론 다들 알고
있겠지요? 상대성 이론은 우리 시대에 가장 널리 알려진 과
학 이론이니까요.

하지만 상대성 이론이 구체적으로 어떤 이론인지에 대해서

는 아직 잘 모를 거예요. 상대성 이론은 어떤 특정한 자연 현상을 설명하는 이론이 아니라 시간과 공간에 대한 기존의 패러다임을 바꾸어 놓은 이론이에요. 상대성 이론의 등장으로 뉴턴 역학의 패러다임이 새로운 패러다임으로 바뀌는 과학 혁명이 일어나게 됐어요.

하나의 패러다임이 붕괴되기 전에 기존의 패러다임이 위기에 처하는 과정을 겪는다고 했던 것을 기억하지요? 따라서 상대성 이론에 의한 과학 혁명 이야기를 하려면 상대성 이론의 패러다임이 나타나기 이전에 사람들이 받아들이던 뉴턴 역학의 패러다임이 어떤 위기를 겪게 되었는지에 대해서 알아보는 것이 순서일 거예요.

물리량과 물리 법칙에 대한 오래된 생각

뉴턴 역학에서는 질량, 길이, 시간과 같은 물리량들은 측정하는 사람이 서서 측정하든 달리면서 측정하든 항상 같은 값을 가질 것이라고 했어요. 즉, 측정하는 사람이 서 있거나 달리고 있는 것은 물체에 아무런 영향을 줄 수 없다고 생각한 것이지요. 일상생활 속에서 그 예를 찾아보면 쉽게 이해할

수 있을 거예요. 볼펜이 책상 위에 놓여 있을 때 볼펜의 길이를 책상 앞에 서서 측정하든 달리면서 측정하든 볼펜의 길이가 달라질까요? 볼펜에 어떠한 물리적인 힘이 가해진 것도 아닌데 어떻게 볼펜의 길이가 달라지겠어요?

그리고 뉴턴 역학에서 측정한 물리량들 사이에는 항상 일정한 관계가 성립해야 한다고 보았어요. 물리량들 사이의 관계가 바로 물리 법칙이므로, 물리 법칙은 서서 관측하든 달리면서 관측하든 항상 똑같이 성립해야 한다고 여겼지요.

그러나 물체의 속도만은 서서 측정하는 값과 달리면서 측정하는 값이 다르다고 했어요. 기차를 타고 달려 본 사람이

라면 측정하는 사람의 운동 상태에 따라 속도가 다르게 측정 된다는 것을 경험을 통해 알고 있을 거예요. 뉴턴 역학의 이런 설명은 오랫동안 당연한 것으로 받아들여졌어요.

그러나 빛의 속도를 측정하던 과학자들은 빛의 속도가 측정하는 사람의 운동 상태에 관계없이 항상 같은 속도로 측정된다는 것을 알게 되었어요. 이것은 심각한 문제였어요. 많은 과학자들은 이것을 뉴턴 역학을 이용하여 해결하려고 노력했어요. 정상 과학 시기에 패러다임에 맞지 않는 현상이 발견되면 처음에는 그것을 패러다임 안에서 해결하려고 노력한다는 것을 기억할 거예요.

그러나 많은 과학자들의 노력에도 불구하고 빛의 속도 문제가 해결되지 않았어요. 하나의 문제를 해결하기 위해 어떤 조치를 취하면 또 다른 문제가 발생하는 식이었지요. 여기서는 그냥 간단히 빛의 속도 문제라고 이야기했지만 사실은 전자기파(빛도 전자기파의 일종임)를 다루는 물리 법칙의 문제였어요.

다시 말해 전자기학의 물리 법칙과 뉴턴 역학이 잘 맞지 않는 문제가 생겼고 그것을 뉴턴 역학 안에서 해결할 수 없었던 것이지요. 이것은 뉴턴 역학의 위기였어요.

위기를 맞이한 뉴턴 역학의 획기적인 돌파구

아인슈타인은 다른 과학자들과는 다른 방법으로 이 문제를 해결하려고 시도했어요. 모든 속도는 관측자의 운동 상태에 따라 달라져야 한다는 것은 누구나 경험을 통해 알고 있는 상식이었어요. 그러나 빛의 속도는 측정하는 사람의 운동 상태와 관계없이 항상 일정하다는 것이 밝혀졌지요.

그럼에도 불구하고 대다수의 과학자들은 속도라는 것은 측정하는 사람의 운동 상태에 따라 달라진다는 패러다임에 대한 믿음이 확고하여 다른 곳에서 원인을 찾아서 문제를 해결하려고 했어요.

하지만 아인슈타인은 빛의 속도도 관측자의 운동 상태에 따라 달라질 것이라는 상식을 버리고, 빛의 속도는 관측하는 사람의 운동 상태와는 관계없이 항상 일정하다는 것을 사실로 받아들였어요. 속도 중에서 빛의 속도를 특별한 대우를 하기로 한 것이지요. 이것은 빛의 속도도 다른 물체의 속도와 마찬가지로 취급해야 한다고 생각했던 뉴턴 역학의 패러다임을 버린 셈이에요.

아인슈타인은 그렇게 함으로써 주어진 패러다임의 한계 안에서 문제를 해결하고자 했던 많은 과학자들과 다른 길을 걷

게 된 것이지요. 다시 말해 과학 혁명의 길로 들어선 것이에요. 정치적 혁명에서 성공하면 영웅이 되지만 실패하면 죄인이 되는 것과 마찬가지로, 과학 혁명에서도 성공하면 위대한 과학자가 되지만 실패하면 이단적인 과학자가 되어 과학자 사회에서 버림을 받게 되지요. 따라서 대부분의 과학자는 모험을 하는 대신 안전한 길을 택하려고 하지요.

하지만 사람들 중에는 항상 모험을 좋아하는 사람이 있게 마련이에요. 그런 사람들 중의 대부분은 실패로 끝나지만요. 혁명은 생각보다 어렵거든요. 그러나 아인슈타인처럼 성공하는 사람도 있어요. 우리가 모두 아인슈타인과 그의 상대성 이론을 기억하고 있는 것은 그가 혁명의 길에서 큰 성공을 거두었기 때문이에요.

아인슈타인은 빛의 속도는 누구에게나 항상 같은 값으로 관측된다는 것 외에, 같은 속도로 직선 운동을 하고 있는 곳에서는 정지한 곳과 동일한 물리 법칙이 성립한다는 상대성 원리도 받아들였어요. 같은 속도로 직선 운동하는 것을 '등속 직선 운동'이라고 하는데, 우리가 타고 있는 배나 기차가 등속 직선 운동을 하고 있으면 여기에서 무슨 실험을 해도 배나 기차가 서 있는지 아니면 달리고 있는지 알 수 없어요. 정

등속 직선 운동

지하고 있거나 등속 직선 운동을 하는 기차나 배 위에서는 항상 같은 물리 법칙이 성립하기 때문이지요.

사실 상대성 원리는 아인슈타인이 처음으로 생각해 낸 것이 아니에요. 이 원리는 지구상에서 살아가는 우리가 빠른 속도로 돌고 있는 지구의 속도를 느끼지 못하는 것을 설명하기 위해 갈릴레이가 생각해 낸 원리로 뉴턴 역학의 기본 원리 가운데 하나이지요. 그러니까 아인슈타인은 상대성 원리와 빛 속도 불변의 원리를 바탕으로 새로운 역학의 패러다임을 만들어 낸 것이지요.

그럼 이쯤에서 뉴턴 역학과 아인슈타인의 상대성 이론이 어떻게 다른지 정리해 볼까요?

뉴턴 역학에서는 질량, 길이, 시간과 같은 물체의 물리량은 관측자의 속도에 관계없이 일정하다고 생각했고, 물리 법칙 또한 관측자가 같은 속도로 달리고 있으면 항상 일정하다고 했어요. 따라서 빛의 속도는 관측자의 속도에 따라 달라져야 한다고 생각했지요.

하지만 아인슈타인은 같은 속도로 달리는 관측자에게는 같은 물리 법칙이 성립되어야 하는 것은 맞지만 빛의 속도는 누구에게나 일정해야 된다고 했어요. 빛의 속도가 일정하기 위해서 다른 물리량이 관측자의 속도에 따라 달라져야 한다고 생각한 것이지요. 이것을 표로 정리해 볼까요?

뉴턴 역학과 상대성 이론의 비교

내용	뉴턴 역학	상대성 이론
물리 법칙	등속 직선 운동하는 관측자에게는 정지한 곳과 동일한 물리 법칙이 성립하다는 상대성 원리는 뉴턴 역학과 상대성 이론의 공통적인 물리 법칙이다.	
물리량	관측자의 운동 상태에 관계없이 물체의 물리량은 일정하다.	관측자의 운동 상태에 따라 물리량이 달라진다.
빛의 속도 (진공 속에서)	관측자의 운동 상태에 따라 다르게 측정된다.	모든 관측자에게 같은 속도로 측정된다.

상대성 이론의 완성

이제 상대성 이론을 완성하기 위해 남은 문제는 관측하는 사람의 속도에 따라 물리량이 어떻게 달라지느냐 하는 것이었어요. 아인슈타인은 정지한 관측자가 측정한 물리량을 일정한 속도로 달리는 관측자가 측정한 물리량으로 환산하는 변환식을 제안했어요. 이 식은 원래 로렌츠(Hendrik Lorentz, 1853~1928)가 빛의 속도는 항상 일정하게 측정되는 것을 설명

하기 위해 제안했던 식이어서 '로렌츠 변환식'이라고 해요. 로렌츠는 올바른 식을 제안하기는 했지만 뉴턴 역학의 패러다임 안에서 문제를 해결하려고 했기 때문에 상대성 이론과 같은 혁명적인 이론을 만들어 낼 수는 없었어요.

이제 빨리 달리고 있는 관측자가 측정한 물리량이 어떤 값을 가지는지를 알기 위해서는 로렌츠 변환식을 이용하여 정지한 관측자가 측정한 값을 달리는 관측자가 측정한 값으로 환산하기만 하면 돼요. 로렌츠 변환식이 조금 복잡하기는 해도 어려운 계산이 아니어서 누구나 계산할 수 있어요. 등속도로 달리는 관측자가 측정하는 물리량이 어떻게 달리지는지를 설명하는 상대성 이론을 특수 상대성 이론이라고 해요. 아인슈타인은 또 하나의 상대성 이론을 제안했는데 그것은 일반 상대성 이론이에요.

특수 상대성 이론의 패러다임을 받아들이는 것은 쉽지 않았을지 몰라도 일단 새로운 패러다임을 받아들이고 나면 나머지는 어렵지 않은 계산뿐이라니까 그다지 어렵게 생각되지 않을 거예요. 하지만 정작 어려운 것은 로렌츠 변환식을 통해 환산된 결과를 받아들이는 일이에요. 그 결과들은 우리가 일상생활의 경험을 통해 알게 된 상식과는 전혀 다르기 때문이지요. '아인슈타인'과 '상대성 이론'이라는 말은 누구나

알고 있으면서도 상대성 이론의 내용이 무엇인지는 잘 모르
는 것은 바로 이 때문이에요.

특수 상대성 이론에 의하면 달리는 관측자가 측정한 물체
의 길이는 정지한 관측자가 측정한 길이보다 짧아져요. 길이
가 관측자의 속도에 따라 달라진다는 것이 쉽게 이해되지 않
겠지만 그런대로 받아들일 수는 있어요. 하지만 특수 상대성
이론에 의하면 달리는 관측자가 측정한 시간은 정지한 관측
자가 측정한 시간보다 느리게 간다는 거예요. 시간의 흐름이
관측자의 속도에 따라 달라진다는 것을 이해할 수 있나요?

뉴턴 역학에서는 시간은 누구에게나 일정한 속도로 흘러가

는 것이라고 했어요. 시간의 흐름은 절대적인 것이어서 관측자가 서 있든 정지해 있든 항상 일정하다고 생각한 것이지요. 그러나 특수 상대성 이론에 의하면 시간도 상대적인 것이어서 나의 시간이 다른 사람의 시간과 다를 수 있다는 거예요. 이것은 시간에 대한 고정 관념을 완전히 바꾸어 놓는 것이었어요.

누구에게나 빛의 속도가 일정한 값으로 측정되기 위해서는 측정하는 사람의 속도에 따라 시간이 다르게 가야만 했어요. 우리가 살아가면서 시간이 빠르게 흘러가기도 하고 느리게 흘러가기도 하는 것을 알아차리지 못하는 것은 우리가 경험하는 느린 속도에서는 이 효과가 우리가 느낄 수 있을 만큼 크지 않기 때문이에요.

특수 상대성 이론은 다른 물리량에도 시간의 경우와 비슷한 놀라운 결과를 보여 주었어요. 관측자의 속도에 따라 질량도 달라져야 했어요. 속도가 증가함에 따라 질량은 차츰 증가하여 속도가 빛의 속도 가까이 이르게 되면 질량은 무한대로 늘어난다는 거예요. 물론 느린 속도만 다루는 우리의 일상생활에서는 이런 효과가 아주 적어 우리는 그것을 느낄 수 없지만요.

일반 상대성 이론

상대성 이론에는 특수 상대성 이론 외에 일반 상대성 이론도 있다. 특수 상대성 이론은 등속도로 운동하는 관측자가 측정한 물리량과 물리 법칙이 속도에 따라 어떻게 달라지는지를 설명하는 이론이고, 일반 상대성 이론은 가속도로 운동하는 관측자가 측정한 물리량과 물리 법칙이 속도에 따라 어떻게 달라지는지를 설명하는 이론이다.

빛의 속도가 항상 일정하고, 등속 직선 운동을 하는 모든 관측자에게 정지 상태와 같은 물리 법칙이 성립하기 위해서는 질량이 에너지로 변하고 에너지가 질량으로 변하는 일도 가능해야 해요. 에너지와 질량 사이의 관계를 나타내는 $E=mc^2$이라는 식은 특수 상대성 이론을 나타내는 대표적인 식으로 알려져 있어요. 상대성 이론을 잘 모르는 사람들도 이 식만은 잘 알고 있는 경우가 많아요. 특수 상대성 이론의 결과는 참으로 받아들이기 힘든 것들이 많지요?

특수 상대성 이론의 결과가 우리의 상식과 다르더라도 측정을 통해 그것이 옳다는 것이 인정되면 받아들여야 해요. 어떤 것이 옳다는 것을 결정할 때는 우리의 상식이 판단의 기준이 되어서는 안 돼요. 우리의 감각 기관은 여러분의 생각

만큼 정확하지 않기 때문이에요. 따라서 감각을 통해 형성된 상식은 항상 옳은 것이 아니에요. 과학자들은 아인슈타인의 특수 상대성 이론이 옳은지를 알아보기 위해 많은 실험을 했어요.

빛의 속도와 비교할 수 있을 정도로 빠르게 움직이는 물체가 없었던 1910년대에는 특수 상대성 이론을 직접 증명할 수 있는 방법이 없었어요. 그러나 현재 세계 곳곳에 설치되어 있는 입자 가속기 속에서는 입자들이 매우 빠르게 운동하기 때문에 상대론적 효과가 현저하게 나타나지요. 따라서 가속기를 설계할 때는 상대론적 효과를 고려해서 설계를 해야 제대로 작동해요. 이것은 특수 상대성 이론의 결과가 옳다는 것을 뜻하는 것이에요.

뉴턴 역학의 패러다임에서 새로운 패러다임으로 바뀌니까 거기에 따라서 이렇게 달라지는 것이 많아졌어요. 이것은 자연의 모습을 전혀 다르게 보게 되었다는 뜻이에요. 그러니까 패러다임은 자연을 보는 시각을 정해 주는 역할을 하는 셈이지요.

그럼 여기서 특수 상대성 이론에 의해 여러 가지 물리량이 어떻게 달라지는지를 표로 정리해 볼까요?

물리량	정지한 물체에 대해서 달리고 있는 관측자가 측정한 물리량의 변화
속도	측정하는 사람의 속도에 따라 달라지지만 빛의 속도보다 빨라지지는 않는다. 빛의 속도는 누구에게나 일정하다.
시간	속도가 빨라질수록 시간은 천천히 간다.
길이	속도가 빨라질수록 길이는 짧아진다.
질량	속도가 빨라질수록 질량이 증가하여 빛의 속도 가까이 가면 질량은 무한대로 증가한다.
질량-에너지	질량은 에너지로, 에너지는 질량으로 상호 변환이 가능하다.

오늘은 상대성 이론의 혁명이 어떻게 일어났는지에 대해 알아봤어요. 상대성 이론은 과학은 물론 시간과 공간에 대한 우리의 생각을 바꾼 중요한 이론이에요.

그러면 오늘 수업은 여기서 마치겠어요. 상대성 이론에 대한 이야기는 생각해 보아야 할 것들이 많으니까 꼭 복습을 하도록 하세요. 오늘도 열심히 수업을 들어줘서 고마워요.

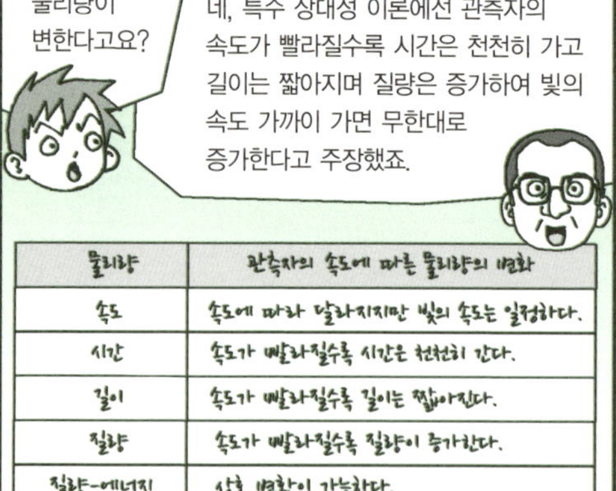

물리량	관측자의 속도에 따른 물리량의 변화
속도	속도에 따라 달라지지만 빛의 속도는 일정하다.
시간	속도가 빨라질수록 시간은 천천히 간다.
길이	속도가 빨라질수록 길이는 짧아진다.
질량	속도가 빨라질수록 질량이 증가한다.
질량-에너지	상호 변환이 가능하다.

8

양자론 혁명

물리량은 연속적인 양일까요? 불연속적인 양일까요?

양자란 무엇일까요?

양자 물리학의 패러다임은 무엇일까요?

양자론 혁명

쿤이 학생들과
친숙한 눈빛을 주고받으며
여덟 번째 수업을 시작했다.

연속적인 물리량에 대한 패러다임

오늘은 20세기 최대의 과학 혁명이라고 할 수 있는 양자 물리학 혁명에 대해 공부하겠어요. 양자 물리학도 과거의 패러다임을 바꾸고 새로운 패러다임을 확립한 과학 혁명이에요.

따라서 양자 물리학에 의한 혁명을 이야기하기 위해서는 고전 역학 다시 말해 뉴턴 역학의 어떤 패러다임이 문제가 되었는지 알아야 할 거예요. 뉴턴 역학의 기초를 이루는 패러다임의 일부는 상대성 이론에 의해 문제가 제기됐어요. 양자 물

리학은 뉴턴 역학의 또 다른 패러다임을 문제 삼은 것이에요.

모든 물질이 원자로 되어 있다는 것은 여러분도 잘 알고 있지요? 물질을 쪼개고 또 쪼개면 결국에는 가장 작은 알갱이인 원자가 남아요. 물론 원자도 또 다시 전자, 양성자, 중성자 같은 더 작은 알갱이로 쪼개지지만 19세기 말에는 원자가 가장 작은 알갱이라고 생각했어요. 1808년에 원자론이 나오기 전에는 물질이 알갱이로 이루어졌다는 생각을 못했어요. 그러다가 원자론의 등장으로 물질이 알갱이로 이루어졌다는 것을 알게 되었어요.

하지만 에너지나 운동량 같은 물리량은 알갱이로 이루어진 것이 아니라 연속된 값을 가지는 양이라고 생각했어요. 예를 들어 달리고 있는 자동차의 운동 에너지가 1,000J이라고 합시다. 이 자동차가 가속 페달을 밟아 속도를 높여 2,000J의 운동 에너지를 가지게 되었다면, 이 자동차의 운동 에너지는 어떻게 변해서 2,000J이 되었을까요?

당연히 1,000J에서부터 조금씩 증가하여 2,000J이 되었다고 생각하겠지요? 설마 자동차의 운동 에너지가 1,000J에서 1,100J로, 그리고 다시 1,200J로, 이렇게 띄엄띄엄하게 증가하여 2,000J이 되었다고 생각하는 사람은 없을 거예요.

뉴턴 역학에서는 모든 물리량은 연속된 값을 가지기 때문에 에너지와 같은 물리량이 껑충껑충 뛰어 변할 수는 없다고 생각했어요. 다시 말해 물리량은 연속된 값을 가져야 한다는 것이 뉴턴 역학의 패러다임이었어요. 이것은 너무 당연한 사실이라고 생각했기 때문에 뉴턴 역학 어디에도 이런 사실을 설명조차 하지 않고 그대로 받아들였어요. 따라서 뉴턴 역학에서 등장하는 공식에 들어 있는 모든 물리량들은 연속적인 양이라고 간주되었어요. 다시 말해 뉴턴 역학은 연속적인 물리량을 다루는 역학이었던 거예요.

밝혀지는 새로운 사실들

이렇게 당연한 것처럼 보였던 것이 사실이 아닐지도 모른다는 것이 밝혀지기 시작했어요. 물리량이 연속된 양이 아니라 띄엄띄엄한 값으로 존재할지도 모른다는 것이 밝혀진 것은 물체가 내는 복사 에너지를 관측하는 과정에서였어요.

절대 온도 0도가 아닌 모든 물체는 전자기파 형태의 복사 에너지를 방출해요. 물체가 방출하는 복사선의 파장과 세기는 물체의 온도에 따라 달라지지요. 물체가 내는 전자기파의 세기가 온도에 따라 어떻게 달라지는지에 관한 문제를 '흑체

복사의 문제'라고 해요.

19세기 말에는 흑체 복사의 문제를 연구하는 과학자들이 많았어요. 그들은 온도가 높은 물체는 파장이 짧은 전자기파를 주로 내고 온도가 낮은 물체는 파장이 긴 전자기파를 낸다는 것을 알아냈어요. 온도가 낮은 물체는 붉은색으로 보이고 온도가 높은 물체는 푸른색으로 보이는 것은 이 때문이에요. 푸른색 빛의 파장이 붉은색 빛의 파장보다 짧거든요. 온도가 아주 낮은 물체는 파장이 길어서 우리 눈으로 볼 수 없는 적외선을 주로 내지요. 물체가 내는 전자기파의 파장과 세기가 온도에 따라 어떻게 달라지는지를 알아보기 위해 많은 실험을 한 과학자들은 다음과 같은 그래프를 얻었어요.

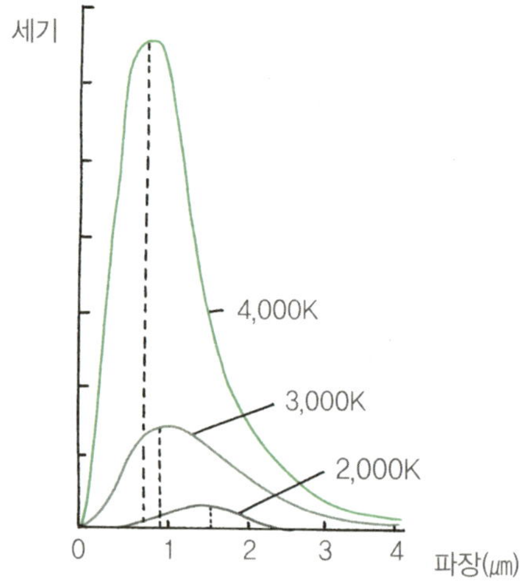

이제 과학자들이 해야 할 일은 왜 이런 그래프가 나타나게 되었는지를 설명하는 것이었어요. 많은 과학자들은 뉴턴 역학과 전지기파의 이론을 이용하여 이 그래프를 설명하려고 시도했지만 모두 실패하고 말았어요. 그때 이 문제를 전혀 다른 방법으로 해결한 사람이 나타났어요. 그 사람은 독일 베를린 대학의 교수였던 플랑크(Max Planck, 1858~1947)였어요.

불연속적 물리량으로의 접근

플랑크는 전자기파의 에너지가 알갱이로 되어 있다는 가정을 바탕으로 이 문제를 해결하는 데 성공했어요. 에너지가 연속된 값이 아니라 알갱이로 되어 있어 띄엄띄엄한 값만을 가진다는 것이었지요. 이러한 가정은 당시로서는 받아들이기 어려운 것이었어요.

이렇게 어떤 물리량이 알갱이로 되어 있어 띄엄띄엄한 값만 가질 수 있는 것을 양자화되었다고 해요. 양자 물리학이란 양자화되어 있는 물리량을 다루는 물리학이에요.

에너지가 알갱이로 되어 있다는 것은 뉴턴 역학에 대한 심각한 도전이었어요. 따라서 과학자들은 처음에 이런 생각을

받아들이려고 하지 않았어요. 심지어는 에너지의 양자화 가설을 처음으로 제안했던 플랑크마저도 이런 생각을 좋아하지 않았으니까요. 양자화 가설을 이용하여 흑체 복사 문제를 해결한 후에도 그는 어떡하든지 이 문제를 뉴턴 역학의 범위 안에서 해결해 보려고 시도했어요.

플랑크의 그런 시도는 정상 과학 시기에 과학자들이 하는 통상적인 행동이라고 했던 것을 기억하고 있을 거예요. 기존의 패러다임으로 설명할 수 없는 사실이 발견되었다고 해서 쉽게 예전의 패러다임을 포기하지 않는다고 했잖아요. 따라서 처음에는 에너지가 양자화되어 있다는 생각을 받아들이는 사람들이 거의 없었어요.

그러나 1905년에 아인슈타인은 빛의 에너지가 알갱이로 되어 있다는 양자화 가설을 이용하여 광전 효과를 설명하는 데 성공했어요. 금속에 빛을 비출 때 금속에서 튀어나오는 전자를 '광전자'라고 해요. 광전자는 보통의 전자와 똑같은 전자이지만 빛을 이용하여 금속에서 떼어냈다는 의미에서 광전자라고 불러요. 금속을 가열해도 전자가 튀어나오는데 이런 전자는 '열전자'라고 하지요. 물론 열전자도 보통의 전자와 똑같은 전자예요. 금속에 파장이 다른 여러 가지 빛을 비추면서 금속에서 튀어나오는 전자가 어떤 에너지를 가지

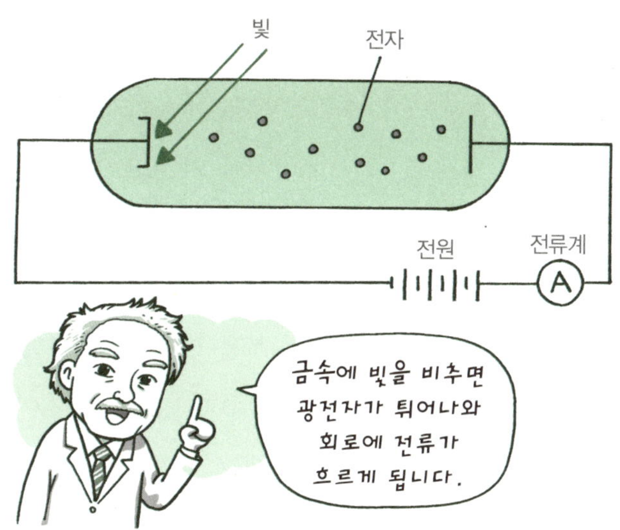

는지를 알아보는 실험이 광전 효과 실험이에요.

아인슈타인 이전에 이 실험을 했던 사람들은 빛을 비출 때 튀어나오는 전자의 에너지가 빛의 세기가 아니라 빛의 파장에 따라 달라진다는 것을 확인했어요. 예를 들어, 파장이 긴 붉은빛을 아주 강하게 비추었을 때보다 파장이 짧은 푸른빛을 비추었을 때 튀어나오는 광전자의 에너지가 더 컸어요.

전자기학 이론으로는 이런 현상을 설명할 수 없어요. 전자기학 이론에 의하면 빛을 강하게 비추면 파장에 관계없이 큰 에너지를 가진 전자가 튀어나와야 했거든요. 기존의 패러다임 안에서 이 현상을 설명하려고 했던 과학자들은 이 현상을 설명할 수 없었어요.

그러나 아인슈타인은 빛이 가지고 있는 에너지가 알갱이로 되어 있다는 플랑크의 가설을 이용하여 이 문제를 거뜬히 해결해 냈어요. 푸른빛은 큰 에너지를 가지고 있는 빛 알갱이의 흐름이고, 붉은빛은 적은 에너지를 가지는 빛 알갱이라고 생각한 것이지요. 아인슈타인은 빛 알갱이를 '광양자'라고 불렀어요. 빛의 세기가 강하다는 것은 빛 알갱이 하나의 에너지가 크다는 것이 아니라 알갱이의 수가 많다는 것을 뜻해요.

빛 알갱이와 전자가 충돌할 때는 일대일로 충돌하기 때문에 빛 알갱이 하나가 가지고 있는 에너지의 크기가 문제이지 알갱이의 숫자가 중요한 것은 아니에요. 빛의 세기와 관계없이 빛의 종류(파장)에 따라 광전자의 에너지가 달라졌던 것은, 파장에 따라 빛 알갱이 하나가 가지고 있는 에너지가 결정되기 때문이에요.

이야기가 조금 복잡해졌지요? 광전 효과 이야기를 한 것은 에너지가 연속된 값이 아니라 띄엄띄엄한 값을 가진다는 것이 광전 효과를 통해서도 다시 확인되었다는 이야기를 하려는 것이에요. 이제 이 정도면 에너지가 양자화되었다는 것을 받아들일 만하지요?

새로운 사실이 발견됨에 따라 에너지와 같은 물리량은 연속된 값을 가져야 한다는 뉴턴 역학의 패러다임이 의심을 받기 시작했어요.

양자론 패러다임으로의 전환

신뢰도를 잃어가고 있던 뉴턴 역학의 패러다임에 결정적인 타격을 가한 것은 보어의 원자 모형이에요. 보어(Niels Bohr, 1885~1962)가 코펜하겐 대학에서 박사 학위를 받던 1911년에는 이미 원자의 구조를 이해하기 위한 연구가 활발하게 진행

되던 시기였어요. 원자핵이 발견되어 있었고, 원자핵 주위를 전자가 돌고 있다는 러더퍼드의 원자 모형도 나와 있었어요. 하지만 전자가 임의의 에너지를 가지고 원자핵 주위를 돌고 있는 러더퍼드의 원자 모형은 역학적으로 불안정했을 뿐만 아니라 원자가 내는 스펙트럼을 설명할 수 없었어요.

이때 보어가 원자핵 주위를 돌고 있는 전자는 아무 에너지나 가질 수 있는 것이 아니라 일정한 조건을 만족하는 띄엄띄엄한 에너지만을 가질 수 있다는 새로운 원자 모형을 내놓았어요. 원자핵 주위를 돌고 있는 전자는 띄엄띄엄한 에너지만을 가질 수 있기 때문에 에너지를 흡수하거나 방출할 때도 띄엄띄엄한 에너지만을 흡수하거나 방출해야 해요. 예를 들어 전자가 가질 수 있는 에너지가 100, 120, 130, 135라면 전자는 이들 에너지의 차이에 해당하는 20, 30, 35, 10, 15, 5와 같은 에너지만을 흡수하거나 방출할 수 있어요.

원자핵을 도는 전자가 어떤 에너지만을 가질 수 있는지 어떻게 알 수 있을까요? 보어는 계산을 통해 수소 원자핵을 도는 전자들이 어떤 에너지를 가져야 하는지를 계산했어요. 하지만 실제 전자가 이런 에너지만을 가진다는 것은 어떻게 확인할 수 있을까요?

전자가 낮은 에너지 상태에서 높은 에너지 상태로 올라갈

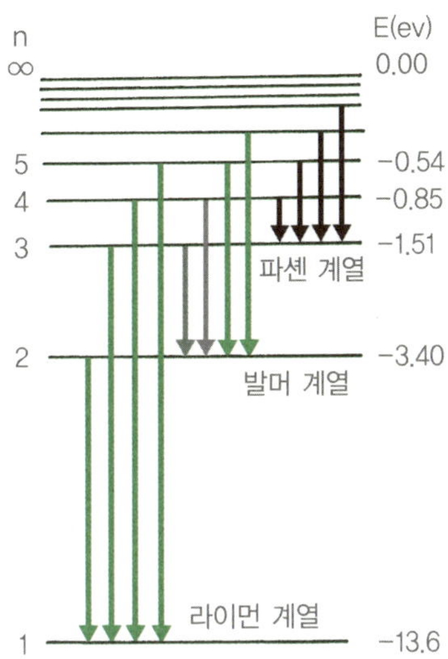

때는 빛을 흡수하게 되고 아래로 내려올 때는 빛을 내놓게 돼요. 따라서 원자가 흡수하거나 방출하는 빛 에너지만 측정해 보면 전자가 어떤 에너지를 가지는지를 확인할 수 있어요. 실험을 통해 확인해 보니 전자가 가질 수 있는 에너지는 보어의 계산과 놀랍도록 일치했어요.

보어의 원자 모형은 다시 한 번 에너지가 알갱이로 되어 있어 띄엄띄엄한 값만을 가질 수 있다는 것을 증명했어요. 플랑크가 에너지의 양자화 가설을 이용하여 흑체 복사의 문제를 해결한 것은 1900년이었고, 아인슈타인이 양자화 가설을

이용하여 광전 효과를 설명한 것은 1905년의 일이었으며, 보어가 양자화 가설에 근거한 보어의 원자 모형을 제안한 것은 1913년의 일이었어요.

이제 과학자들은 에너지가 양자화되어 있다는 새로운 패러다임을 받아들이지 않을 수 없었어요. 1922년에 아인슈타인은 광전 효과를 설명한 공로로 노벨 물리학상을 받았어요. 이것은 과학계가 에너지의 양자화를 공식적으로 인정했다는 것을 뜻하는 것이었어요.

에너지가 양자화되어 있는 데도 우리가 그것을 알아차리지 못하고 살아가는 것은 에너지 알갱이의 크기가 아주 작기 때문이에요. 원자가 너무 작아서 원자로 이루어진 물질이 연속된 물질처럼 보이는 것과 마찬가지예요.

에너지가 양자화되어 있다는 것은 이렇게 해서 밝혀졌지만 더 어려운 일은 아직 남아 있었어요. 양자화된 물리량을 다룰 수 있는 새로운 역학을 만들어 내야 했거든요. 연속된 물리량만 다룰 수 있는 뉴턴 역학은 원자와 같이 작은 세계에서 일어나는 일을 설명하는 데는 아무 쓸모가 없었기 때문이에요. 원자나 전자처럼 작은 알갱이들의 움직임에는 에너지 알갱이가 중요한 역할을 하기 때문에 뉴턴 역학으로는 다룰 수 없어요. 뉴턴 역학은 어느 정도의 오차가 있어도 큰 문제가 되지 않는 큰 세계에만 적용되는 역학이 되어 버렸지요.

1920년대에 물리학자들은 양자화된 물리량을 다룰 수 있는 새로운 역학을 만들었는데, 그것이 양자 물리학이에요. 양자 물리학의 발전으로 우리는 전자들의 행동을 이해할 수 있게 되었고 전자를 마음대로 부릴 수 있게 되었어요. 뉴턴 역학을 대신할 양자 물리학의 등장은 20세기 최대 과학 혁명이라고 할 수 있어요.

양자 물리학 혁명이 가능했던 것은 물리량은 연속적인 값만 가질 수 있다고 했던 뉴턴 역학의 패러다임을, 물리량이 양자화되어 있어 불연속적인 값만 가질 수 있다는 새로운 패러다임으로 바꾼 사람들이 있었기 때문이에요.

과학자의 비밀노트

양자 물리학에서는 모든 입자를 파동으로 다룬다.

양자화되어 있는 물리량을 다루기 위해서는 입자를 파동으로 다루어야 한다. 빛이 파동과 입자의 성질을 모두 가지고 있다는 것이 밝혀진 후 프랑스의 드브로이(Louis de Broglie, 1892~1987)는 빛뿐만 아니라 입자도 파동과 입자의 성질을 모두 가지고 있다는 것을 밝혀냈다. 따라서 입자가 가지는 양자화된 물리량을 파동 이론으로 다룰 수 있게 되었다.

어때요? 오늘 이야기 재미있었나요? 조금 어려웠을지도 몰라요. 하지만 양자 물리학은 이미 나온 지 100년이 다 되어가는 물리학이고, 현대 문명을 지탱하는 기본적인 물리학이므로 관심을 가지고 공부해 두는 것이 좋을 거예요. 어렵다고 공부하기를 미루기만 하면 언제까지 모르는 채로 남아 있겠지만 자신감을 가지고 공부를 하다 보면 언젠가는 이해할 수 있을 거예요. 그럼 오늘 수업은 여기서 마치겠어요.

오늘은 20세기 최대의 과학 혁명이라고 할 수 있는 양자 역학 혁명에 대해서 얘기를 해 볼까요?
양자 역학이요? 왠지 굉장히 어려울 것 같아요.

어떤 패러다임의 전환이 있었나요?
뉴턴 역학에서는 모든 물리량은 연속된 값을 가지기 때문에 에너지와 같은 물리량이 껑충껑충 뛰어 변할 수 없다고 생각했지요.

그런데 흑체 복사 문제를 연구하던 중에 물리량이 띄엄띄엄한 값으로 존재할지도 모른다는 것이 밝혀지기 시작했어요.
오, 또 다른 뉴턴 역학의 위기로군요.
이상해, 에너지가 연속된 것이 아닌가 봐.

그렇죠. 그 후 플랑크는 전자기파의 에너지가 알갱이로 되어 있다는 양자화 가설을 바탕으로 이 문제를 해결하는 데 성공했고, 아인슈타인은 광전자 효과를 통해 이 사실을 확인시켜 주었죠. 그리고 결정적으로 보어가 양자화 가설에 근거한 원자 모형을 제시하자 이 패러다임을 받아들이게 되었죠.
에너지의 양자화
플랑크
아인슈타인
보어

에너지의 양자화는 밝혀졌지만 양자화된 물리량을 다룰 수 있는 새로운 역학이 없었어요. 뉴턴 역학은 원자와 같이 작은 세계에서 일어나는 일을 설명하지 못했어요.
원자
너로는 날 설명할 수가 없어!
뉴턴 역학

그래서 1920년대에 물리학자들은 양자화된 물리량을 다룰 수 있는 새로운 역학인 양자 물리학을 만들었지요.
아, 그래서 양자 물리학이 만들어졌군요.

9

우주에 대한 패러다임의 전환

우주는 영원히 존재하는 것일까요?
우주가 팽창하고 있다는 증거는 무엇일까요?
우주에도 시작이 있을까요?

우주에 대한
패러다임의 전환

쿤이 약간 아쉬운 듯한 표정으로
마지막 수업을 시작했다.

영원한 우주에 대한 생각

오늘은 마지막 수업을 하는 날이로군요. 지금까지 패러다임의 확립과 정상 과학의 성립, 정상 과학 시기의 과학 활동, 위기에 처하는 정상 과학과 패러다임, 그리고 패러다임의 전환을 통해 과학 혁명이 완성되는 과정에 대해 여러 가지 예를 들어가면서 설명했어요. 뉴턴 역학이 성립하는 역학 혁명은 전형적인 과학 혁명의 과정을 따라서 진행되었지만 진화론 혁명은 매우 다른 양상으로 진행되기도 했어요.

오늘은 마지막으로 우주는 무한히 넓으며 영원한 과거로부터 영원한 미래까지 같은 모습으로 존재한다는 우주에 대한 패러다임이 우주에도 시작과 끝이 있을 수 있다는 팽창하는 우주의 패러다임으로 바뀌는 과정에 대해서 알아보겠어요.

우주가 언제 시작되었느냐 하는 문제는 오랫동안 과학에서는 다루지 않던 주제였어요. 많은 사람들은 막연하게 성서에 나와 있는 대로 지구를 포함하고 있는 우주가 6천여 년 전에 만들어진 것이라고 생각했어요.

그러나 진화론이 등장한 후에 지구의 나이는 6천 년보다 훨씬 더 길 것이라고 주장하는 사람들이 나타나기 시작했어요. 19세기의 지질학자들은 해변에서 발견되는 퇴적암이 그만큼 퇴적하기 위해서는 지구의 나이가 적어도 몇 백만 년은 넘을 것이라고 주장했어요. 열을 연구한 과학자들은 뜨겁던 지구가 현재의 온도로 식는 데는 적어도 2천만 년은 필요했을 것이라고 주장하기도 했지요.

어떤 과학자는 바다가 처음에는 소금이 없는 순수한 물로 시작했다고 가정하고, 현재만큼 소금이 녹으려면 얼마나 걸릴지를 계산하여 지구의 나이가 대략 1천만 년 정도라고 주장했어요. 20세기 초에 물리학자들은 방사능 원소의 반감기를 이용하여 지구의 나이가 수십억 년이 넘는다는 것을 밝혀냈어요.

　지구는 우주의 일부분이므로 우주의 나이는 지구의 나이보다 훨씬 더 많아야 해요. 측정이 진행됨에 따라 지구의 나이가 점점 길어지자 우주는 영원하게 존재할 것이라는 생각을 하는 사람들이 많아졌어요. 우주 곳곳에서는 여러 가지 일들이 일어날 수 있지만 전체 우주의 모습은 변함없이 일정한 모습을 유지하고 있다고 생각하게 된 것이지요.

　영원한 우주는 과학자들의 무거운 짐을 덜어주었어요. 만약 우주가 영원히 존재한다면 우주가 언제, 어떻게 시작되었는지를 설명할 필요가 없었기 때문이지요. 과학자들에게도 우주의 시작과 끝을 따지는 것은 피하고 싶은 어려운 문제였거든요.

우주 팽창론의 등장

　아인슈타인은 1915년 일반 상대성 이론을 발표한 후 이 이론을 이용하여 우주의 구조를 연구하기 시작했어요. 일반 상대성 이론은 중력을 새롭게 설명하는 이론이라고 할 수 있어요. 뉴턴 역학에서는 질량이 멀리 떨어져서 서로 끌어당기는

힘이 중력이라고 설명했어요. 그러나 아인슈타인은 질량이 주변의 시공간을 변형시키고 이 변형된 시공간 때문에 중력이 작용한다고 설명했어요.

아마 이렇게 설명해도 일반 상대성 이론이 어떤 이론인지 이해하기는 힘들 거예요. 하지만 너무 걱정할 필요는 없어요. 일반 상대성 이론을 이해하지 못해도 오늘 수업의 내용을 이해하는 데는 아무 문제가 없으니까요.

아인슈타인이 일반 상대성 이론의 방정식을 풀어서 알아낸 우주는 정지한 상태로 머물러 있는 우주가 아니었어요. 일반 상대성 이론에 의하면 우주는 팽창하고 있어야 했어요. 하지만 아인슈타인은 우주가 팽창하고 있다는 자신의 결과를 받아들일 수가 없었어요. 그래서 아인슈타인은 자신의 방정식을 고쳐서 우주가 정지해 있도록 만들었어요. 아인슈타인의 이런 행동을 여러분은 어떻게 생각하나요?

아인슈타인은 뉴턴 역학의 패러다임을 과감하게 반대하고 상대론을 만들어 낸 사람이에요. 누구보다 용감하게 패러다임의 한계를 뛰어넘어 과학 혁명을 이끌어 낸 사람이었지요. 하지만 우주의 문제에서는 정상 과학 시기에 과학 활동을 하는 보통의 과학자들처럼 행동했어요.

우주는 영원히 같은 모습으로 존재해야 한다는 기존의 패러다임에 맞지 않는 결론이 얻어지자 그 결론을 받아들이는 대신 방정식을 수정하여 기존의 패러다임 안에서 이 문제를 해결하려고 시도했어요. 아인슈타인은 자신만 새로운 패러다임을 받아들이지 않았던 것이 아니라 다른 사람도 그런 생각을 하지 못하도록 했어요.

러시아의 프리드먼(Alexander Friedmann, 1888~1925)은 아인슈타인의 일반 상대성 이론을 이용하여 우주가 팽창하고 있다는 결론을 얻었어요. 그러나 아인슈타인은 프리드먼의 결과를 인정하지 않았어요. 아인슈타인의 지지를 받지 못한 프리드먼의 팽창하는 우주 이론은 사람들의 관심을 끌

지 못했어요. 더구나 프리드먼이 젊어서 병으로 죽었기 때문에 그의 연구는 더 이상 진척될 수 없었어요.

그러나 프리드먼이 죽은 후 팽창하는 우주 모델이 다시 등장했어요. 이번에는 벨기에의 신부이면서 천문학자였던 르메트르(Georges Lemaître, 1894~1966)가 우주가 팽창하고 있다고 주장했지요. 1925년에 르메트르는 아인슈타인의 일반 상대성 이론을 바탕으로 하여 우주가 팽창하고 있다는 주장했어요. 그때 르메트르는 프리드먼이 이전에 우주가 팽창하고 있다는 주장을 했었다는 것을 모르고 있었어요. 그러나 이번에도 아인슈타인이 반대했어요.

르메트르는 우주가 팽창하고 있다는 내용을 담은 논문을 발표한 후 아인슈타인을 만나 자신의 우주 이론에 대해 설명했어요. 아인슈타인은 르메트르에게 그가 제시한 우주 이론은 물리적 의미는 없다고 말하면서 르메트르의 우주 이론을 무시했어요. 당시 아인슈타인은 과학계에서 가장 인정받는 학자였어요. 따라서 아인슈타인이 무시했다는 것은 과학계가 우주 팽창 이론을 무시했다는 것을 뜻했어요. 그래서 르메트르는 더 이상 우주가 팽창하고 있다는 이론을 연구하지 않기로 했어요.

우주가 시작과 끝이 없이 영원히 존재해야 한다는 생각은 이처럼 아인슈타인이 확실하게 믿고 있던 패러다임이었어요. 따라서 확실한 증거를 제시하기 전에는 우주가 팽창하고 있다는 새로운 패러다임을 받아들이게 할 수가 없었지요.

우주 팽창에 대한 증거 발견 그리고 패러다임의 전환

그런데 관측을 통해 우주가 팽창하고 있다는 확실한 증거를 찾아낸 과학자가 나타났어요. 우주 이야기를 할 때는 거리가 가장 중요해요. 우주의 거리는 직접 측정할 수는 없기 때문에 여러 가지 물리 법칙을 이용하여 간접적인 방법으로 측정해야 해요. 우주가 팽창하고 있다는 것을 밝혀내는 데 이용된 거리 측정법은 세페이드 변광성의 주기를 이용하여 우주의 거리를 측정하는 방법이었어요.

하버드 대학 천문대에서 별들의 사진을 분류하는 작업을 하던 레빗(Henrietta Leavitt, 1868~1921)은 세페이드 변광성의 밝기가 주기에 따라 달라진다는 것을 알게 되었어요. 따라서 이런 변광성의 주기만 측정하면 이 별의 실제 밝기를 알 수 있게 되었지요. 주기를 관측하여 실제 밝기를 알아낸 후에 관측을 통해 눈에 보이는 밝기를 알아내면 간단한 계산을 통

해 이 별까지의 거리를 알아낼 수 있어요. 이런 방법으로 우주의 거리를 측정하는 것을 세페이드 변광성법이라고 해요.

레빗이 별견한 세페이드 변광성법을 최대한 이용한 천문학자는 미국의 허블(Edwin Hubble, 1889~1953)이었어요. 1919년 8월부터 미국 윌슨산천문대에서 우주를 관측하는 일을 하기 시작한 허블은 1923년 10월 4일 안드로메다 성운에서 세페이드 변광성을 찾아내 안드로메다 성운까지의 거리가 지구로부터 적어도 90만 광년이나 된다는 것을 밝혀냈어요. 실제로는 이보다 훨씬 더 멀리 있다는 것을 후에 밝혀내게 되지만 당시에는 그렇게 생각했어요. 그것은 안드로메다가 우리 은하 내에 있는 것이 아니라 우리 은하 밖에 있는 독

립된 은하라는 것을 뜻하는 것이었어요. 우리 은하의 지름은 10만 광년 정도라는 것이 그 당시 이미 알려져 있었거든요.

허블의 관측은 안드로메다 성운이 우리 은하 내에 있는 천체냐 아니면 우리 은하 밖에 있는 또 다른 은하냐 하는 오랫동안 계속된 논쟁을 종식시켰어요. 그것은 우주에는 우리 은하뿐만 아니라 수많은 은하가 있다는 것을 알게 된 사건이었어요. 우리가 알고 있는 우주가 갑자기 넓어지게 된 것이지요.

우주가 팽창하고 있다는 것을 밝혀내는 데는 또 다른 물리 법칙을 알아야 해요. 그것은 물체가 내는 빛의 파장이 가까이 다가오면서 빛을 낼 때는 실제보다 짧게 관측되고, 멀어지면서 빛을 낼 때는 실제보다 길어진다는 것이지요.

이렇게 물체가 다가오거나 멀어지면서 빛이나 소리를 내면 속도에 따라 파장이나 진동수가 다르게 측정되는 현상을 도플러 효과라고 해요. 따라서 물체의 도플러 효과를 측정하면 물체의 속도를 알 수 있어요.

길가에서 경찰이 과속을 단속하기 위해 사용하는 스피드 건이나 야구장에서 야구공의 속도를 측정하는 스피드 건은 도플러 효과를 이용하여 물체의 속도를 측정하는 장치예요. 스피드 건에서는 물체를 향해 빛을 발사한 후 반사되어 돌아오는 빛의 파장이 길어지거나 짧아진 정도를 측정하여 물체

의 속도를 알아내지요.

별이나 은하의 속도를 측정할 때는 별이나 은하를 향해 빛을 발사할 수는 없어요. 하지만 별을 구성하는 원자들이 내는 스펙트럼의 파장을 알고 있기 때문에, 스펙트럼이 어떻게 변하는지만 조사하면 별이나 은하가 다가오거나 멀어지는 속도를 알 수 있어요.

1929년에 허블은 46개 은하에서 오는 스펙트럼을 조사하여 이들 은하가 어떻게 운동하고 있는지 알아보는 한편 이들 은하 안에서 세페이드 변광성을 찾아내 이 은하까지의 거리를 측정했어요. 허블은 측정 결과를 다음과 같이 그래프 위에 나타내 보았어요.

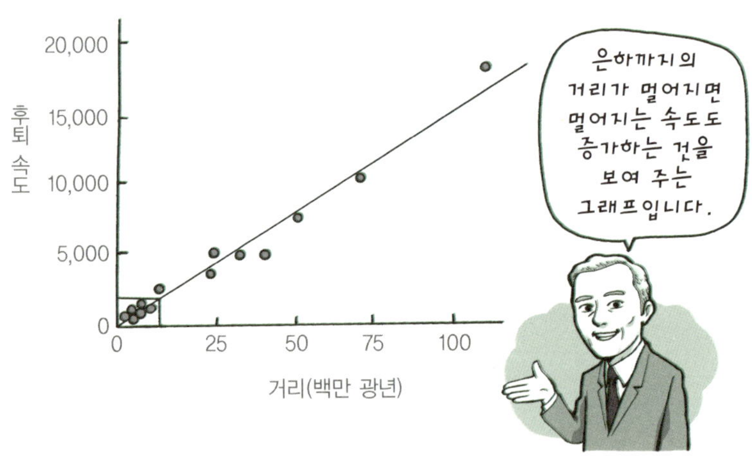

그래프 위의 점들을 보면 은하의 속도가 거리에 비례해서 증가한다는 것을 알 수 있어요. 다시 말해 허블의 관측 결과는 멀리 있는 은하일수록 더 빨리 멀어지고 있다는 것을 나타내요. 그것은 우주가 팽창하고 있다는 것을 나타내는 것이었지요. 허블의 관측 결과는 놀라운 것이었어요. 그것은 우주가 항상 같은 모습으로 정지해 있는 것이 아니라 빠른 속도로 팽창하고 있다는 것을 확실하게 증명하는 것이었지요.

1929년에 이런 관측 결과를 발표한 허블은 2년 동안 더 많은 은하들을 관측하여 1931년에는 1929년 논문에 보고했던 은하보다 20배 더 먼 거리에 있는 은하들을 그래프에 포함시킬 수 있었어요. 허블의 관측이 있은 후, 수많은 천문학자들이 은하가 멀어지는 속도를 관측하여 허블의 관측 결과가 틀림없음을 다시 확인했어요. 이제 우주가 팽창하고 있다는 것은 확실한 사실이 되었어요.

은하들이 멀어지는 속도가 은하까지의 거리에 비례한다는 것을 허블의 법칙이라고 불러요. 허블의 법칙은 우주의 거리를 재는 강력한 자가 되었지요. 은하가 너무 멀리 있어 은하에서 세페이드 변광성을 찾아낼 수 없는 경우에도 은하의 스펙트럼만 분석하면 허블의 법칙으로 이 은하까지의 거리를 측정할 수 있게 되었기 때문이지요.

　허블의 법칙의 발견으로 우주는 항상 일정한 상태로 정지해 있어야 한다고 굳게 믿고 있던 아인슈타인을 비롯한 많은 과학자들이 더 이상 자신들의 주장을 고집할 수가 없게 되었어요. 1931년 2월 3일 허블의 초청으로 부인과 함께 윌슨산 천문대를 방문한 아인슈타인은 도서관에서 기자 회견을 열고 우주가 팽창하고 있다는 사실을 받아들인다고 선언했어요. 아인슈타인이 결국 허블의 관측 결과를 받아들이고 우주가 팽창한다고 주장한 르메트르와 프리드먼이 옳았다는 것을 인정한 것이에요.

　이것은 우주가 정지해 있다고 주장했던 예전의 패러다임이 우주가 팽창하고 있다는 새로운 패러다임으로 전환되는 순간이었지요. 세계에서 가장 유명한 과학자가 마음을 바꿔 우주가 팽창하고 있다는 것을 인정하자 새로운 패러다임은 급속히 자리를 잡게 되었어요.

　패러다임의 전환이 이렇게 극적으로 이루어진 적은 예전에는 없었어요. 대개의 경우 새로운 패러다임이 나온 후에 그것이 정착할 때까지 상당한 시간이 걸렸지요. 과학자들이 점차로 새로운 패러다임을 받아들였기 때문이에요. 하지만 우주가 팽창하고 있다는 새로운 패러다임은 허블의 발견을 통해 극적으로 과학계에 받아들여졌어요.

이제 새로운 패러다임을 받아들인 과학자들은 우주가 팽창한다는 사실을 바탕으로 우주의 팽창 속도가 어떻게 변해 왔는지, 우주가 팽창하고 있다면 우주의 시작은 언제인지와 같은 문제를 연구하기 시작했어요.

한 점에 모여 있던 에너지가 약 137억 년 전에 급속하게 팽창하면서 우주가 시작되었다는 빅뱅 우주론은 우주가 팽창하고 있다는 사실을 바탕으로 한 우주론이에요. 우주에 시작과 끝이 있다는 것도 놀라운 일이지만 그것을 알아낸 인간의 능력은 더욱 놀랍지요?

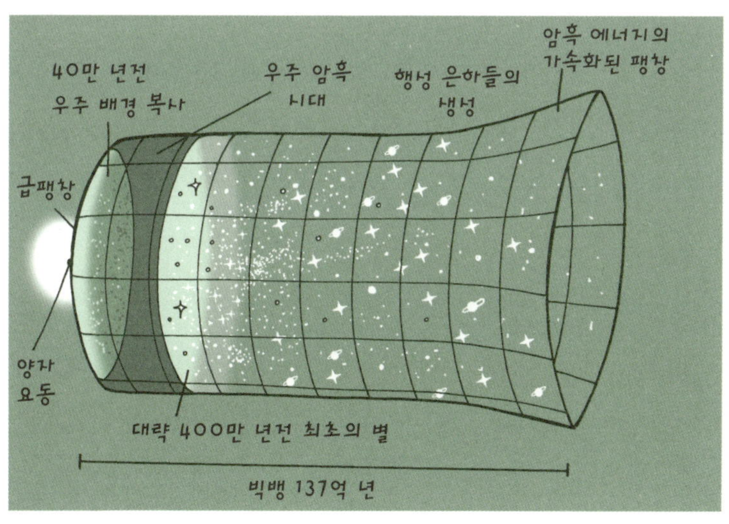

허블의 법칙을 발견한 것을 단순한 새로운 사실의 발견이
아니라 패러다임의 전환이라고 보는 것은 허블의 법칙 발견
전후에 관측된 사실을 해석하는 방법이 달라졌기 때문이에
요. 허블의 법칙 이전에는 모든 관측 결과나 이론적인 분석
결과를 정지해 있는 우주에 맞추어 해석했어요. 그러나 허블
의 법칙을 발견한 후에는 모두 팽창하는 우주에 맞추어 해석
하게 되었지요. 따라서 허블의 법칙의 발견은 우주를 이해하
는 새로운 패러다임을 제공한 사건이라고 할 수 있어요.

우주 이야기를 하다 보니 시간 가는 줄 몰랐군요. 벌써 수
업을 마쳐야 할 시간이 다 되었네요. 지금까지 아홉 번 수업
을 했는데 이제 여러분은 과학의 발전이 지식의 축적에 따라

점진적으로 이루어지는 것이 아니라 패러다임의 전환을 통해 혁명적으로 이루어진다는 것을 이해할 수 있을 거예요. 물론 앞으로 과학의 발전 과정을 더 잘 설명할 수 있는 새로운 이론이 나올 수도 있어요. 내 수업을 들은 여러분이 그런 이론을 만들어 냈으면 좋겠군요.

지난 9일 동안 수업을 받느라고 수고 많이 했어요. 열심히 공부하는 여러분에게 나의 과학 혁명 이야기를 할 수 있어서 아주 즐거웠어요. 앞으로도 열심히 공부하고, 항상 건강하게 즐거운 생활하세요.

선생님, 과학사에 있어 아이슈타인은 정말 대단한 혁명가였던 것 같아요.
맞아요. 하지만 그 아인슈타인도 우주의 패러다임에 있어서는 그렇지 못한 때가 있었어요.
아인슈타인

정말이요?
네, 과거엔 우주가 6천여 년 전에 만들어져 정지해 있다고 믿었었죠. 그러다 20세기 초에 지구의 나이가 수십 억 년이 넘는다는 것이 밝혀지면서 우주의 나이는 훨씬 더 많을 거라고 생각했죠.
우주의 나이는 6000년이라고.

그럼 아이슈타인은 어떻게 생각했나요?
아인슈타인의 일반 상대성 이론의 방정식을 풀어서 알아낸 우주는 팽창하고 있어야 했어요. 하지만 아인슈타인은 이 사실을 받아들이지 않았지요.
이런, 우주가 팽창하고 있다니 말도 안 돼!
상대성 이론에 관한 논문

결국 아인슈타인은 자신의 방정식을 고쳐서 우주가 정지해 있도록 만들고, 프리드먼의 우주가 팽창하고 있다는 주장도 인정하지 않았죠.
그런 일이 있었군요.

하지만 허블은 우주가 팽창하고 있다는 관측 결과를 발표하였고, 수많은 천문학자들이 은하가 멀어지는 속도를 관측하여 허블의 관측 결과를 다시 확인했어요. 우주가 팽창하고 있다는 것은 틀림없는 사실이었어요.
전 우주가 팽창하고 있음을 관측했습니다.

결국 아이슈타인도 이 사실에 동의하였고 오늘날 이 사실은 우주를 연구하는 새로운 패러다임이 된 것이죠.
그렇군요.

과학사에 혁명을 일으킨
쿤 Thomas Kuhn, 1922~1996

쿤은 1922년에 미국 오하이오 주 신시내티에서 태어났습니다. 그는 하버드 대학교에서 물리학을 공부하여 1943년에는 학사 학위를, 1946년에는 석사 학위를, 그리고 1949년에는 박사 학위를 받았습니다.

쿤이 그의 저서 《과학 혁명의 구조》의 서문에서 밝힌 것처럼 그는 하버드 대학교에서 박사 학위를 받은 후 3년 동안 대학의 연구원으로 있으면서 자유롭게 연구하였던 기간이 전공을 물리학에서 과학사와 과학철학으로 바꾸는 계기가 되었습니다.

쿤은 1948년부터 1956년까지 하버드 대학교의 총장이었던 코넌트(James Conant, 1893~1978)의 제의를 받아들여 하버드 대학교에서 과학사를 강의했습니다. 하버드 대학교를 떠난 후에는 캘리포니아 대학교의 버클리 캠퍼스에서 철학과와 역사학과 교수로 있으면서 강의를 했고, 1961년에는 과학사 교수로 임명되었습니다.

캘리포니아 대학교의 교수로 있던 쿤은 1962년에 과학사 연구에 큰 영향을 끼친 저서인 《과학 혁명의 구조》를 출간했습니다.

이 책에서 쿤은 과학의 발전은 점진적인 지식의 축적에 의해 발전하는 것이 아니라 패러다임의 전환에 의한 과학 혁명을 통해 발전한다고 주장했습니다. 그의 주장은 과학사를 새롭게 해석하는 계기를 마련했습니다.

1964년에는 프린스턴 대학교의 과학사 및 과학철학 교수가 되었고, 1979년에는 매사추세츠 공과 대학교의 철학 교수가 되어 1991년까지 그곳에 근무했습니다. 1994년에 기관지암 진단을 받은 쿤은 1996년 74세의 나이로 세상을 떠났습니다.

언제, 무슨 일이?

과학사
세계사

조선, 주세붕이 백운동 서원
(소수 서원) 설립

코페르니쿠스
《천체의 회전에 관하여》 출간
1543

조선, 일본과 국교 회복
(기유약조)

케플러
행성 운동의 법칙 발표
1609

러시아, 피의 일요일

아인슈타인
특수 상대성 이론 발표
1905

중국, 문학 혁명

아인슈타인
일반 상대성 이론 발표
1915

미국, 쿠바 봉쇄

쿤
《과학 혁명의 구조》 출간
1962

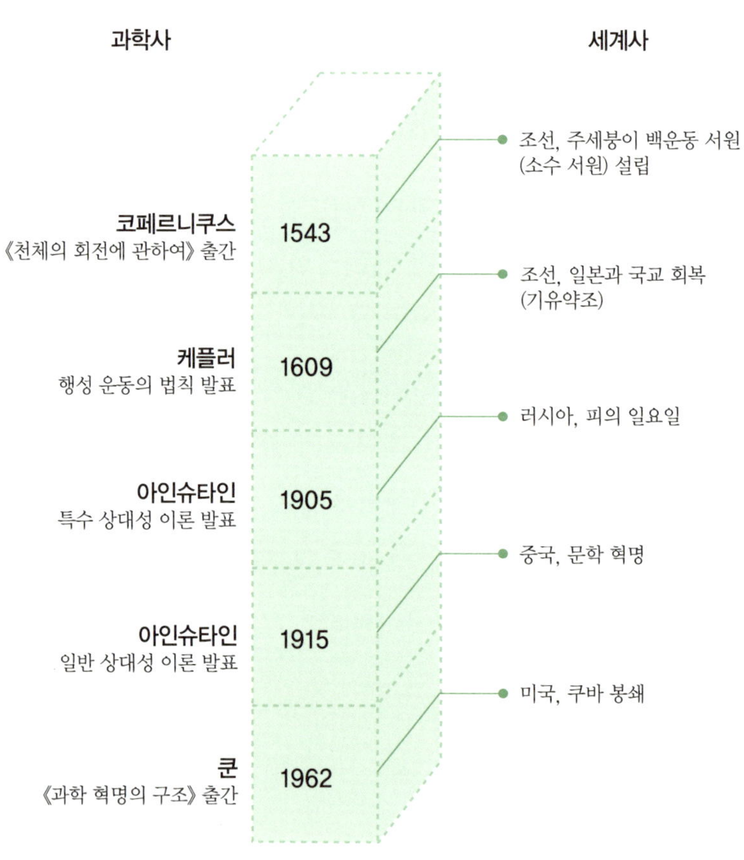

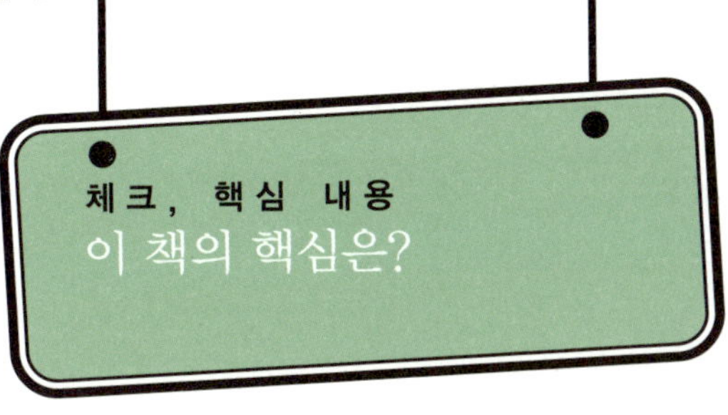

1. 과학을 전문적으로 연구하는 대부분의 사람들이 받아들이는 공리 체계, 과학 방법, 실험 방법, 전형 등을 통틀어 □□□□ 이라 합니다.

2. 대부분의 사람들이 하나의 패러다임을 받아들이고 그 패러다임의 의미를 명확하게 하거나 적용 범위를 넓히는 연구를 하는 시기의 과학을 □□ □□ 이라고 합니다.

3. 하나의 정상 과학이 패러다임의 전환을 통해 새로운 정상 과학으로 바뀌는 현상을 □□ □□ 이라고 합니다.

4. 16세기와 17세기에 있었던 천문학 혁명에서는 □□ 가 우주의 중심에 정지해 있다는 패러다임에서 □□ 이 우주의 중심에 정지해 있다는 새로운 패러다임으로 바뀌었습니다.

5. 뉴턴에 의한 역학 혁명을 통해 힘이 운동 상태를 □□ 하는 데 필요하다는 패러다임으로부터 힘은 운동 상태를 □□ 시키는 데 필요하다는 새로운 패러다임으로 바뀌었습니다.

6. 진화론은 생물의 종은 □□ 한다는 패러다임에서 진화를 통해 새로운 종이 만들어진다는 패러다임으로 바뀌었습니다.

7. 우주가 팽창하고 있다는 새로운 패러다임은 □□ 의 관측을 통해 많은 사람들에게 받아들여지게 되었습니다.

과학은 혁명적으로 발전하는가?

　과학은 패러다임의 전환에 의한 과학 혁명을 통해 발전한다는 쿤의 설명은 많은 과학사학자들의 공감을 불러일으켰습니다.

　과학의 발전 과정을 살펴보면 쿤이 제안한 정상 과학과 과학 혁명의 구조에 잘 들어맞는 것처럼 보입니다. 그러나 경쟁하는 서로 다른 패러다임 중에서 하나의 패러다임을 어떻게 선택하느냐의 문제를 놓고 과학사학자들은 치열한 논쟁을 벌였습니다.

　쿤은 서로 다른 패러다임은 같은 기준으로 비교할 수 없다고 했습니다. 따라서 경쟁하는 패러다임 중에서 하나를 선택하는 것은 두 패러다임을 비교한 다음 옳은 것을 선택하는 과정이라고 할 수 없습니다. 두 개의 서로 다른 패러다임은 같은 기준으로 비교할 수 없으므로 옳고 그름을 판단하는 것이 가능하지 않기 때문입니다. 그렇게 되면 새로운 패러다임을 받아들이는 패러다임의 전환은 발전이 아니라 퇴보가 될 수도 있습니다.

쿤이 제안한 과학 혁명에 대해 또 다른 논란은 패러다임의 정의가 명확하지 않다는 것입니다. 쿤의《과학 혁명의 구조》에서는 20가지가 넘는 여러 가지 개념을 통합하여 '패러다임'이라고 불렀습니다. 쿤의 과학 혁명을 연구한 많은 학자들은 과학 혁명의 의미를 명확하게 하기 위해서는 패러다임을 좀 더 명확하게 정의해야 한다고 주장했습니다. 패러다임이 명확하게 정의되어 있지 않으면 어떤 것이 과학 혁명에 해당하는 것인지를 판단하기 어렵기 때문입니다.

과학의 발전 과정에서 과학 혁명만이 과학의 발전을 가져오고 지식의 축적은 발전에 그다지 도움이 되지 못하는가 하는 문제에 대해서도 생각해 볼 필요가 있습니다. 과학의 발전 과정은 매우 복잡한 과정이어서 하나의 틀로 모든 것을 설명할 수는 없습니다. 쿤의 과학 혁명에 대한 토론이 계속 이어지고 있는 것은 이 때문입니다.

수학자가 들려주는 수학 이야기 _(전 88권)

차용욱 외 지음 | (주)자음과모음

국내 최초 아이들 눈높이에 맞춘 88권짜리 이야기 수학 시리즈!
수학자라는 거인의 어깨 위에서 보다 멀리, 보다 넓게
바라보는 수학의 세계!

수학은 모든 과학의 기본 언어이면서도 수학을 마주하면 어렵다는 생각이 들고 복잡한 공식을 보면 머리까지 지끈지끈 아파온다. 사회적으로 수학의 중요성이 점점 강조되고 있는 시점이지만 수학만을 단독으로, 세부적으로 다룬 시리즈는 그동안 없었다. 그러나 사회에 적응하려면 반드시 깨우쳐야만 하는 수학을 좀 더 재미있고 부담 없이 배울 수 있도록 기획된 도서가 바로 〈수학자가 들려주는 수학 이야기〉 시리즈이다.

★ 무조건적인 공식 암기, 단순한 계산은 이제 가라! ★

- 〈수학자가 들려주는 수학이야기〉는 수학자들이 자신들의 수학 이론과, 그에 대한 역사적인 배경, 재미있는 에피소드 등을 전해 준다.
- 교실 안에서뿐만 아니라 교실 밖에서도, 배우고 체험할 수 있는 생활 속 수학을 발견할 수 있다.
- 책 속에서 위대한 수학자들을 직접 만나면서, 수학자와 수학 이론을 좀 더 가깝고 친근하게 느낄 수 있다.